Ibrahim Abdi Hadi

L'optimisation de la logistique dans le port de Djibouti par la vision

AF280645

Ibrahim Abdi Hadi

L'optimisation de la logistique dans le port de Djibouti par la vision

Prédiction et Détection des collisions entre véhicules dans un environnement non structuré

Presses Académiques Francophones

Impressum / Mentions légales

Bibliografische Information der Deutschen Nationalbibliothek: Die Deutsche Nationalbibliothek verzeichnet diese Publikation in der Deutschen Nationalbibliografie; detaillierte bibliografische Daten sind im Internet über http://dnb.d-nb.de abrufbar.

Information bibliographique publiée par la Deutsche Nationalbibliothek: La Deutsche Nationalbibliothek inscrit cette publication à la Deutsche Nationalbibliografie; des données bibliographiques détaillées sont disponibles sur internet à l'adresse http://dnb.d-nb.de.

Coverbild / Photo de couverture: www.ingimage.com

Verlag / Editeur:
Presses Académiques Francophones
ist ein Imprint der / est une marque déposée de
OmniScriptum GmbH & Co. KG
Heinrich-Böcking-Str. 6-8, 66121 Saarbrücken, Deutschland / Allemagne
Email: info@presses-academiques.com

Herstellung: siehe letzte Seite /
Impression: voir la dernière page
ISBN: 978-3-8416-3049-0

à mes parents

à ma femme et mes enfants Sagal, Abdirahman et Ahmed,

à tous ceux qui me sont chers.

"Success seems to be connected with action. Successful people keep moving. They makes mistakes, but they don't quit" Conrad Hilton

Remerciements

Les travaux présentés dans ce mémoire ont été effectués au Laboratoire de Modélisation, Information et Systèmes de l'Université de Picardie Jules Vernes à Amiens. Je voudrais tout d'abord exprimer mes plus profonds remerciements à mes directeurs de thèse, Messieurs les Professeurs Claude Pégard et El-Mustapha Mouaddib, pour m'avoir donné la chance de travailler au sein de l'équipe PR (Perception en Robotique). Leurs disponibilités, leurs conseils, la pertinence de leurs idées tout comme leurs goûts communicatifs pour la recherche ont été un soutien permanent tout au long de mon séjour dans ce laboratoire. Ils m'ont marqué par leur extrême gentillesse qui m'a permis de passer cette thèse avec des conditions de travail et d'encadrement idéales. J'ai apprécié énormément l'autonomie qu'ils m'ont accordé dans les choix et les orientations de mon travail. Leur soutien sans faille malgré les courts séjours que j'ai eu pour aller jusqu'au bout de cette thèse.

Mes sincères remerciements vont également à monsieur Mohammed Benjelloun (Professeur à l'Université Côte d'Opale) qui m'a fait l'honneur et la gentillesse d'être président de mon jury de soutenance. Je remercie chaleureusement mes rapporteurs messieurs Pascal Vasseur (Professeur à l'Université de Rouen) et Ahmed HAMMOUCH (Professeur à l'Université de Mohammed V Agdal de Rabat) pour le soin avec lequel ils ont lu ce manuscrit, ainsi que pour la qualité de leurs critiques.

Aussi, mes remerciements vont à toute l'équipe PR du MIS, permanents Cedric Demonceaux, Djema Kachi, Alex Potelle et Guillaume Caron et mais aussi les permanents du MIS Abdelhamid Rabhi, Jerome Bosch, anciens et actuels doctorants en commençant par Asli Gül Oncel, Ali Ghorayeb, Amina Radgui, Pauline Merveilleux, Ashutosh Natraj, Damien Eynard, Dieu Lee Sang, Fatima-Zahra Benamar, les nouveaux doctorants Paul Blondel, Nathan iv

Crombez et Zaynab Habibi et les autres doctorants du laboratoire MIS Ines Abidi, Chedia Latrech, Khaled Mohamed, Menad Dahmane, Mehrdad Dafivar, Doha EL-Hellani, Hanane Baramou, Rachid Belmeskine, Ismail Hassan Djilal, Souleiman Ali Houssein, Mohamed Hassan, Florian Legendre. De même, je tiens à remercier les autres membres du laboratoire MIS en commençant par Gilles Kassel (l'ancien directeur du laboratoire), Dominique Leclet-Groux, AbdelHamid Rabhi, Jerome Bosh, Youssef ALJ, Pierre Detaille et Valerie Faqui. Avec eux, j'ai passé de très bons moments pendant les quatre dernières années.

Je remercie infiniment mes amis qui m'ont aidé directement ou indirectement à savoir Moussa Osman, Djamal Ahmed, Ibrahim Robleh (mon coéquipier durant les séjours en France), Saida Chideh, les rémois (Ibrahim Houssein, Idriss Djama, Hassan Houssein, Mohamed Hassan, Omar Said, Yonis Youssouf et les autres).

Je veux remercier très sincèrement mes parents et beaux-parents, particulièrement ma mère et je souhaite qu'elle soit fière de son fils mais aussi mes frères et soeurs (Aicha, Ide-Souleiman, Hassan et sa famille, Gouled, Zakaria et sa famille et Deka), ma belle-famille (Nima, son mari Jean-Pierre et Ilsane, Yasmine, Deka, Kadra, Aden, Said, Nouradine et Charmarké). Finalement, je veux dédier cette thèse à ma femme Mouna qui a su trouver la patience nécessaire pour tenir durant mes absences répétées entre Djibouti et Amiens et à mes enfants Sagal, Abdirahman et enfin Ahmed-Mahad le tout dernier.

Enfin, je souhaiterai remercier à travers ce mémoire de thèse mon beau-frère Nasser Aden Guirreh et ma soeur Aicha et leurs enfants Ladieh, Hamda, Abdourazak et Charmarké pour leur soutien moral et leur présence auprès de la famille durant mon absence.

Résumé :

L'objectif de cette thèse est de présenter un système de prédiction de collision entre véhicules dans un environnement non structuré. Le dispositif est destiné à des zones de trafic intense situées sur des ports ou des chantiers de génie civil, milieux dans lesquels la circulation s'effectue sans voie de circulation réellement matérialisée.

Si de nombreux travaux ont été réalisés sur la détection des risques de collision en milieu structuré (voies de circulations, routes, intersection, milieu urbain, etc...), très peu concernent les milieux ouverts. Le système proposé est statique, positionné sur des points critiques. A partir des images acquises par des caméras à large champ de vue, on estime la position et la vitesse des éléments mobiles afin d'être en mesure de prévenir les collisions. Nous avons développé, dans le cadre de cette thèse, des méthodes de prédiction et de suivi de trajectoires d'un ensemble de véhicules évoluant dans une scène de surveillance. Ces véhicules sont dépourvus de capteurs spécifiques. La mise en évidence des situations critiques est effectuée dans un premier temps à partir d'une grille d'occupation de la zone traitée. Et dans un deuxième temps, la prédiction de collisions est effectuée à partir d'une approche géométrique, qui exploite des intersections des ellipses d'incertitudes pour justifier le risque de danger existant entre les objets impliqués dans la collision.

Mots clés : Prédiction de collision, environnement non structuré, filtre de Kalman, grille d'occupation.

Abstract :

The objective of this thesis is to introduce a system for predicting vehicle collision in an unstructured environment. The device is designed for high traffic areas located on ports or civil engineering projects, environments in which traffic moves without lane actually materialized.

While many studies have been made on the detection of collision risk in structured environment (traffic lanes, roads, intersection, urban, etc ...), very few open areas concerned. The proposed system is static, positioned at critical points. From the images acquired by cameras wide field of view, the estimated position and velocity of the moving parts in order to be able to avoid collisions. We have developed in this thesis, methods for predicting and tracking trajectories of a set of moving vehicles in a scene monitoring. These vehicles have no specific sensors.

The identification of critical situations is carried out in a first time from a busy grid of the treated area. And in a second step, the prediction of collisions is performed using a geometric approach, the exploitation of intersections of ellipses uncertainties to justify the risk of danger existing between the objects involved in the collision.

Keywords : Collision prediction, Unstructured environment, Kalman Linear filter, Occupancy grid.

Table des matières

Table des figures

CHAPITRE 1

Introduction

Sommaire

1.1 Problématique

Les domaines d'applications de la vidéo surveillance sont nombreux et parmi ceux là, on peut citer les lieux publics tels que les aéroports, les magasins, les maisons de retraites, les agences bancaires, les stations de métro, etc... Ces domaines d'applications sont essentiellement liés à la sécurité (des personnes, des véhicules et des engins) et à la prévention d'une situation dangereuse (les zones de collisions fréquents, les objets abandonnés dans les lieux publics).

La prédiction et l'évitement de collisions dans ces milieux urbains, structurés ou non, ont connu un regain d'intérêt pour la plupart des chercheurs de la communauté scientifique travaillant dans le domaine. Comme projets européens, nous pouvons citer, le projet INTERSAFE (Coopérative INTERsection SAFEty http://www.cvisproject.org/en/links/intersafe2.htm) qui a pris fin en 2011 et qui vise essentiellement à améliorer la sécurité des véhicules aux intersections. Maîs aussi, nous citerons le projet Vizird (Visualisation sécurisée d'Informations Routières Déportées) qui consiste à détecter sur des autoroutes, tout véhicule suspect comme les véhicules à l'arrêt, roulant à contre-sens ou détection de bouchons, avec l'installation des caméras sur plusieurs sites.

1.2 Contexte et motivations

Dans un environnement industriel ou commercial, tel qu'un chantier, une mine, un grand magasin, un entrepôt, etc., le risque de collision entre véhicules est important et peut avoir des conséquences humaines et matérielles graves, voire fatales. De ce fait, il est impératif de mettre en place un système d'évitement permettant de réduire de manière significative les accidents.

Dans ces travaux de thèse, nous nous intéressons au cas des environnements non structurés comme les chantiers de constructions ou faiblement structurés tels que l'environnement industriel ou les zones portuaires. Dans ce type d'environnement, évoluent principalement des grues, convoyeurs et des poids lourds (voir les images du port de Djibouti 1.1).

Parmi les risques qui causent les accidents dans ce type de milieux, nous pouvons citer les bruits sonores produits par le vent et les battements de vagues de la mer, le manque de visibilité de conducteurs des engins qui sont à une hauteur élevée du sol et enfin l'absence de panneaux de signalisation et de marquages au sol. Ces risques sont les causes principales d'accident et réduisent l'efficacité des travaux dans ces milieux.

(a) (b)

FIGURE 1.1: a) Image du port de Djibouti avec un environnement semi structuré et b) image d'accident entre engins

Malgré les efforts consentis et les moyens mis en oeuvre en matière de sécurité de matériels et de personnes, les statistiques montrent que les accidents sont très fréquents. La figure 1.2 montre la répartition des accidents issue d'un rapport publié en 2012. Dans ce graphique, nous pouvons constater que la première cause d'accident implique les véhicules en mouvement (collision entre les véhicules appartenant au port de Djibouti à 27% et avec ceux de l'extérieur i.e. camions éthiopiens à 27 %).

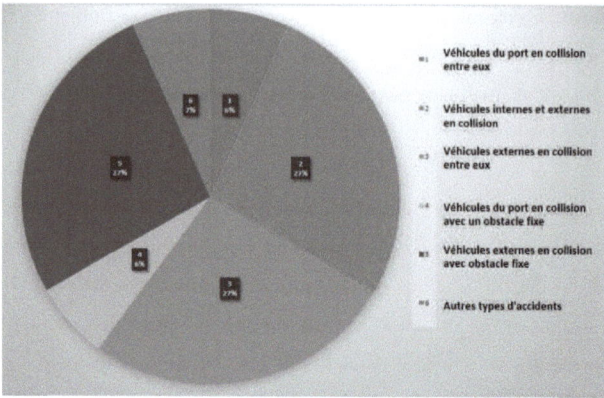

FIGURE 1.2: Statistiques des accidents au sein du port de Djibouti durant l'année 2012

Aussi dans ce rapport, nous pouvons constater que malgré les mesures de sécurité mises en place par les autorités du port de Djibouti et les audits réguliers effectués par le département "HSE (Hygiène, Security and Environment)", d'autres solutions adéquates sont nécessaires. Plus récemment, le port de Djibouti s'est doté d'un nouveau logiciel de surveillance appelé « C-CURE 9000». Basé sur la technologie .Net v3.0 de Microsoft, C-CURE 9000 est un système qui permet de gérer la sécurité des événements et possède une interface graphique extrêmement intuitive et une station de surveillance intégrée personnalisable.

Partant de ce constat, nous proposons, dans ces travaux de thèse, une méthode de prédiction et de suivi de trajectoires d'un ensemble de véhicules évoluant dans cet environnement tel que le port afin de renforcer la sécurité des personnes et des véhicules. L'objectif final est de permettre la prédiction de situations à risques dans le but d'éviter les collisions en implémentant un réseau de caméras fixes et mobiles capables de communiquer et d'émettre des alarmes en cas de danger. Le dispositif est destiné à des zones de trafic intense situées sur des ports ou des chantiers de génie civil, milieux dans lesquels la circulation s'effectue sans voie de circulation réellement matérialisée.

Dans le cadre de cette étude, des séquences réelles ont été prises dans le port de Djibouti et dans le parking du laboratoire MIS afin de tester nos algorithmes et d'appliquer nos méthodes de prédiction des collisions.

1.3 Contributions

Afin de réduire les risques de collisions, le système de prédiction doit estimer le moment où les objets vont atteindre le point de collision. De nombreux travaux ([Saunier 2008], [Sekiyama 2011], [Er 2012], [Huiying 2011]) ont été réalisés sur la détection et la prédiction de collision en milieu structuré (voies de circulations, routes, intersection, milieu urbain, etc...), mais très peu concernent les milieux ouverts.

La notion de prédiction pose très peu de difficultés en milieu urbain du fait de l'information disponible dans ce type de milieu (passage piétons, panneaux de signalisation, feux rouges, etc...). Sekiyama et Al. dans [Sekiyama 2011], présentent une approche de prédiction des accidents en utilisant l'intersection des régions réalisables (AR's) lesquelles sont créées à partir de l'apprentissage des modèles du comportement fréquent de véhicule. Uygar et Al., dans [Er 2012], proposent une nouvelle approche de prédiction basée sur l'extraction de la relation entre les véhicules pouvant être impliqués dans une collision. Ils présentent dans cet article un modèle lié à la géométrie de la route aux intersections.

Le système, que nous proposerons dans le cadre de cette thèse, est statique, positionné sur des points critiques. A partir des images acquises par des caméras à large champ de vue, nous estimerons la position et la vitesse des éléments mobiles afin d'être en mesure de prévenir les collisions. Les véhicules, évoluant dans ce milieu, sont pour la plupart dépourvus de capteurs spécifiques, et pour maximiser le périmètre de surveillance, nous utiliserons des caméras à large champ de vue.

Dans une première contribution, la mise en évidence des situations critiques sera effectuée à partir d'une approche probabiliste qui consiste à utiliser une grille d'occupation dynamique de la zone surveillée. La notion de grille d'occupation (ou carte d'occupation) a été introduite pour la première fois par [Elfes 1989], et suppose le découpage de l'environnement en cellules qui seront affectées d'une probabilité d'être libre, occupée ou inconnue.

La deuxième contribution dans cette étude concerne la détection de collision qui sera effectuée par l'utilisation d'une approche géométrique et par l'exploitation des intersections des ellipses d'incertitudes pour justifier le risque de danger existant entre les objets impliqués dans la collision.

1.4   Organisation du document

Le plan de présentation de ce rapport de thèse sera articulé autour de quatre chapitres, en plus de l'introduction et de la conclusion.

Détection des objets en mouvement dans la scène : Nous présenterons dans ce chapitre, les différentes méthodes de détection des objets en mouvement. Nous verrons aussi la méthode de détection que nous avons retenue. C'est une méthode non paramétrique développée par [Elgammal 2002] et basée sur l'estimation de la densité du noyau directement à partir de l'historique récent de la scène. Cette méthode permet de gérer des situations où le fond de la scène est très dynamique. Les résultats que nous avons obtenu avec cette méthode sont satisfaisants et nécessaires pour la suite de notre système. En fin de chapitre, nous aborderons le problème d'ombre dans les images. Les ombres peuvent varier tant au niveau de l'apparence (source d'illumination naturelle ou artificielle, changement de l'intensité lumineuse dû au passage de nuages) qu'au niveau de la forme (incidence des rayons lumineux ou position de l'objet par rapport à la caméra). Après une brève présentation des techniques de suppression d'ombre, nous nous focaliserons sur une méthode développée par [Guo 2011] et basée sur un modèle de région.

Suivi des objets dans la scène : Dans ce chapitre, nous présenterons le suivi de plusieurs objets simultanément car ceci présente plusieurs difficultés et de nombreux défis (voir [Yilmaz 2006]), notamment lorsqu'une occultation se produit (objet caché partiellement ou entièrement par un autre) ou lorsque deux objets sont très proches. Nous porterons une attention particulière au filtre de Kalman discret qui est un modèle d'estimation optimale des positions des véhicules. Nous finirons par introduire notre algorithme de suivi de plusieurs objets.

Prédiction des collisions : Après une présentation des différents projets et des travaux développés dans ce domaine, nous développerons les méthodes proposées dans ce travail de thèse pour la prédiction des collisions. L'objectif de notre système est de proposer des solutions face à des situations de risque au sein du port de Djibouti, mais par faute de temps et des moyens, nous avons utilisé des séquences réalisées à Amiens dans un parking, qui est dans la conception, très proche de l'environnement non structuré.

Résultats et expérimentations : Dans ce chapitre, nous décrirons la modélisation du capteur visuel, la caméra fish-eye [1]. Après avoir calibré et récupéré les paramètres intrinsèques et extrinsèques de la caméra, nous développerons l'algorithme pour calculer les métriques réelles (i.e. les positions et vitesses en 3D) des objets mobiles détectés dans la zone de surveillance. Enfin,

---

1. en français : Oeil de poisson par son ouverture qui est de 170°

nous présenterons les résultats de nos contributions en s'appuyant sur deux scénarios d'accident (frontal et latéral). Ces résultats permettront de valider les méthodes que nous avons proposées en mettant en avant les avantages des algorithmes.

Conclusion : Nous conclurons et proposerons des perspectives et des idées pour l'amélioration de ce travail de thèse afin de finaliser le système de détection et de prédiction de risque au sein du port de Djibouti.

Chapitre 2

Détection des objets et modélisation de l'arrière-plan

Sommaire

2.1 Introduction

La détection des objets en mouvement dans une scène est une étape in-contournable pour de nombreuses applications liées à la vidéo-surveillance. Elle consiste à classifier des pixels en deux classes : ceux appartenant à l'objet mobile (avant-plan) et les pixels statiques (arrière-plan). L'identification des régions qui correspondent à des objets mobiles est une étape de base et une tâche critique pour la vision, car elle fournit des régions d'intérêt qui simplifieront le traitement d'image dans les étapes d'analyse ultérieures (voir figure 2.1).

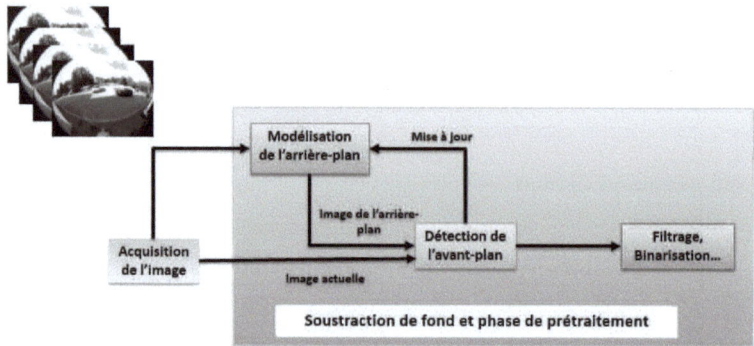

FIGURE 2.1: Diagramme de soustraction de fond

Cependant, les changements dans les scènes naturelles comme l'illumination soudaine et les changements climatiques ainsi que les mouvements répétitifs provoquant des bruits (les feuilles des arbres en mouvement dans le vent soufflant) rendent nécessaire la mise en place de techniques robustes de détection de mouvement. Il existe dans la littérature un certain nombre de travaux sur la détection d'objets, la classification, le suivi et l'analyse des mouvements des objets ([Elhabian 2008]).

Dans ce chapitre, nous présenterons différentes techniques de détection d'objets en mouvement dans une scène s'appuyant sur la modélisation de l'arrière-plan. Nous présenterons ensuite notre choix qui permet d'obtenir la robustesse aux changements soudains de luminosité inévitables du cadre applicatif. Enfin, nous évoquerons les problèmes posés par les ombres sur les images et présenterons des résultats avec une méthode de leur suppression développée par [Guo 2011].

2.2 Segmentation du fond et des objets mobiles

2.2.1 Soustraction du fond

La soustraction du fond est la méthode la plus pratique et la plus simple dans la segmentation de l'arrière-plan. Cette technique suppose que l'arrière-plan est statique et l'image est non bruitée. Le but de cette méthode consiste à faire une soustraction, pixel par pixel, de l'image actuelle par rapport à l'image de référence de l'arrière-plan. Les pixels issus de cette soustraction qui sont inférieurs à certain seuil sont considérés comme appartenant à l'arrière-plan et ceux supérieurs à ce seuil appartiennent à l'objet en mouvement dans la scène. L'image de référence est mise à jour avec de nouvelles images pour prendre en compte les changements de scènes.

Soit $I_{cour}^t(x, y)$ désigne l'image courante à l'instant t, et (x,y) de I_{cour}^t représente la position de pixel. L'équation 2.1 montre l'expression d'une soustraction de fond F_t à l'instant t :

$$F_t(x, y) = \begin{cases} 1 & si \mid I_{cour}^t(x, y) - I_{ref}^t(x, y) \mid > Th \\ 0 & sinon \end{cases} \qquad (2.1)$$

où Th est le seuil prédéfini pour décider si un pixel appartient à l'arrière-plan ou à l'objet en mouvement.

La mise à jour de l'image de référence I_{ref} est donnée par l'équation 2.2.

$$I_{ref}^{t+1} = \alpha I_{cour}^t + (1 - \alpha) I_{ref}^t \qquad (2.2)$$

avec α le taux d'adaptation du modèle actuel par rapport à la nouvelle observation. Dans une seconde étape, l'avant-plan sera amélioré avec des opérations de morphologie (fermeture et ouverture) et par la réduction du bruit et la suppression des régions de petite taille.

Cependant, cette technique de soustraction de fond est sujet à une forte sensibilité aux changements dynamiques tels que l'éclairage, les mouvements non souhaités (feuilles d'arbre, différents bruits liées au mouvement de la caméra, etc...).

Plusieurs méthodes statistiques (comme les mélanges des gaussiennes [Stauffer 1999], l'estimation de la densité du noyau [Elgammal 2002]) ont été développées pour remédier aux problèmes liés à la méthode à base de soustraction de fond. Ces techniques préconisent une mise à jour dynamique des statistiques des pixels de l'image de référence. Les pixels appartenant aux objets en mouvement sont identifiés en comparant chaque pixel avec les statistiques avec les modèles de fond.

2.2.2 La méthode des doubles histogrammes

Introduite pour la première fois par [Hsieh 1995] en 1995, la méthode des doubles histogrammes (Twice Histogram Method) est basée sur les histogrammes pour effectuer la détection des véhicules. Le principe de la méthode des doubles histogrammes est de superposer une séquence d'image et de construire l'arrière-plan afin d'extraire les régions en mouvement dans la séquence. Un intervalle de variation (appelé $\overleftrightarrow{L\,U}$) de niveau de gris de l'arrière-plan est établi à partir de cette séquence d'images (voir 2.2). Cette méthode suppose que les objets de la scène appartiennent au même type de classe véhicule (la classe à quatre roues tels que les bus, camion, voiture), la caméra doit être fixe et les images suffisamment nettes.

Pour modéliser l'arrière-plan, les équations 2.3 et 2.4 doivent être satisfaites. L'aire "A" représentée sur la figure 2.2 modélise le niveau de gris de l'arrière-plan ayant la probabilité la plus élevée d'apparition. Ainsi les pixels dont le niveau de gris est situé en dehors de l'intervalle, seront considérés comme étant des pixels de premier plan (véhicule en mouvement).

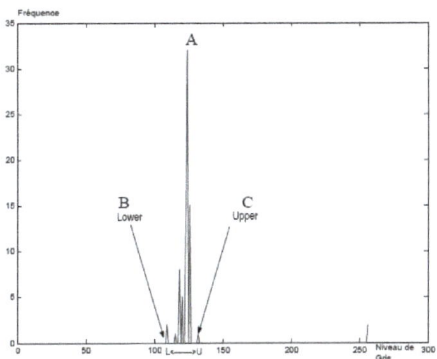

FIGURE 2.2: Histogramme d'une voie non encombrée : source [Hsieh 1995]

$$\int_{L \to U} A \, dx > \int_{L \to U} B \, dx \qquad (2.3)$$

$$\int_{L \to U} A \, dx > \int_{L \to U} C \, dx \qquad (2.4)$$

Cependant si le trafic est fortement encombré, la construction de l'arrière-plan n'est pas efficace. La solution pour remédier à ce problème consiste à calculer un second histogramme à partir du premier, en l'intégrant dans une fenêtre glissante. Avec cette méthode nous pouvons obtenir une image de l'arrière-plan sans objets en mouvement.

Enfin en effectuant une simple soustraction de cette image d'arrière-plan résultat de la méthode de double histogramme avec les images de la séquence, nous pouvons extraire les véhicules. Les résultats sont illustrés dans les figures 2.4 et 2.5.

Malgré le fait que cette méthode ne nécessite pas une soustraction entre séquences d'images pour former le premier plan et possède un temps de calcul faible, elle est très sensible au changement brutal de la luminosité.

2.2.3 La Moyenne Gaussienne

C'est une méthode statistique qui modélise les intensités des pixels sur la base des distributions de probabilités gaussiennes. Elle a été utilisée dans [Wren 1997]. Cette méthode utilise une seule probabilité gaussienne pour modéliser la répartition des couleurs de l'arrière-plan et peut être mise à jour de façon récursive en utilisant un filtre adaptatif simple (eq. 2.5). Ce modèle gaussien peut s'adapter aux lents changements de la scène tels que les changements progressifs de la luminosité. Pour cela, on fait varier la moyenne gaussienne de la manière suivante :

$$\mu_{t+1} = \alpha I_{cour}^t(x,y) + (1-\alpha)\mu_t \tag{2.5}$$

où $I_{cour}^t(x,y)$ représente l'intensité du pixel (x,y) de l'image courante, μ_t : la moyenne précédente et α le poids empirique choisi pour pondérer la stabilité et le renouvellement rapide. Le pixel $I_{cour}^t(x,y)$ peut alors être classé comme appartenant à l'avant-plan si l'inégalité 2.6 est vraie. Dans le cas contraire, il sera classé comme étant un pixel de fond :

$$\mid I_{cour}^t - \mu_t \mid > k\sigma_t \tag{2.6}$$

Dans les travaux développés par Koller and Al. dans [Koller 1994], un autre modèle est proposé :

$$\mu_{t+1} = \mu_t + (\alpha_1(1-M_t) + \alpha_2 M_t)D_t \tag{2.7}$$

où μ_t représente la moyenne précédente. D_t est la différence entre l'image courante et l'arrière-plan. M_t prend une valeur égale à 0 pour l'arrière-plan et une valeur égale à 1 pour le premier plan [Koller 1994] et α_1 et α_2 sont basés sur des estimations du taux de changement de fond [Piccardi 2004].

La gaussienne simple permet d'extraire l'arrière-plan efficacement pour les scènes d'intérieur où il y a des changements d'illumination modérés [Bouwmans 2011].

2.2.4   Le mélange des gaussiennes

Les changements de l'arrière-plan tels que la luminosité ou les mouvements de branches d'arbres, ne sont pas permanents et provoquent des variations des intensités des pixels. Ils peuvent aussi se produire à une fréquence plus rapide que la mise à jour de l'arrière-plan. Afin d'intégrer ces changements, Stauffer et Grimson [Stauffer 1999] ont présenté une nouvelle approche qui consiste à modéliser l'arrière-plan par un mélange de Gaussiennes.

Cette technique consiste à mémoriser l'historique de chaque pixel en utilisant un ensemble de gaussiennes dont le nombre est prédéfini en fonction de la scène observée (entre 3 à 5). Chaque Gaussienne est caractérisée par 3 paramètres, la moyenne μ, l'écart-type σ et un poids ω.

L'historique de chaque pixel $(x_1, ..., x_t)$ est modélisé par un mélange de K distributions Gaussiennes. La probabilité de la valeur du pixel observé, x, à l'instant t, est calculée par un mélange de Gaussiennes (eq. 2.8) :

$$P(x_t) = \sum_{i=1}^{K} \omega_{i,t} \eta(x_t - \mu_{i,t} \Sigma_{i,t}) \qquad (2.8)$$

où

K représente le nombre de distributions gaussiennes et est compris entre 3 et 5,

$\omega_{i,t}$ représente le poids de la i_{eme} gaussienne dans le mélange au temps t,

$\mu_{i,t}$ est la moyenne de la i_{eme} gaussienne dans le mélange au temps t,

$\Sigma_{i,t}$ représente la covariance de la i_{eme} gaussienne dans le mélange au temps t et est le produit de la variance avec la matrice identité.

Enfin η représente la fonction de probabilité gaussienne et elle est de la forme 2.9 :

$$\eta(x_t, \Sigma, \mu) = \frac{1}{(2\pi)^{\frac{n}{2}} \mid \Sigma \mid^{\frac{1}{2}}} e^{\frac{-1}{2}(x_y - \mu_t)^T \Sigma^{-1}(x_t - \mu_t)} \qquad (2.9)$$

Cette technique présente des inconvénients majeurs : le coût de calcul. Ses paramètres nécessitent un réglage et la sensibilité aux changements brusques dans l'illumination globale. Supposons qu'une scène reste stationnaire pendant une longue période de temps, les variances des éléments de fond peuvent devenir très petites. Un changement soudain de l'illumination de la scène (après le passage d'un nuage) peut faire passer brusquement des pixels appartenant à l'arrière-plan en pixels appartenant aux objets en mouvement [Toyama 1999]. Par conséquent, l'arrière-plan avec les variations rapides ne peut être modélisé précisément avec peu de gaussiennes. En outre, durant la modélisation de fond, si des objets d'avant-plan sont pris en compte, le mélange de Gaussiennes donnera des résultats erronés.

De plus, avec le taux d'apprentissage pour s'adapter aux changements de fond, le mélange des Gaussiennes fait face à un problème de compromis. Pour un faible taux d'apprentissage, la méthode produit un modèle imprécis qui a une basse sensibilité de détection, et n'est plus en mesure de détecter un changement soudain de l'arrière-plan.

D'autre part, si le modèle s'adapte très vite, les lents mouvements d'avant-plan seront assimilés dans le modèle de fond, donnant lieu à une augmentation de faux négatifs. Cependant, comme le mélange de Gaussiennes maintient une fonction de densité pour chaque pixel, il est capable de gérer les distributions multi-modales. De même, comme cette méthode est paramétrique, les paramètres du modèle peuvent être mis à jour de façon adaptative sans garder une grande mémoire tampon d'images vidéo.

De nombreux travaux ([KaewTraKulPong 2002], [Zivkovic 2004], [Yu 2007]) ont été proposés afin de palier les inconvénients liés à la méthode de mélange de gaussiennes (voir l'étude plus détaillée de T. Bouwmans dans [Bouwmans 2008]) . Dans [KaewTraKulPong 2002], le modèle est construit et mis à jour par un algorithme de maximisation de l'espérance (EM) en utilisant l'ensemble de équations de mise à jour. Cela permet au modèle d'apprendre plus vite et avec plus de précision et de s'adapter efficacement à des environnements changeants. Plus récemment, [Yu 2007] proposent l'utilisation des modèles de mélange de gaussiennes spatio-couleur à la fois pour l'arrière-plan et le premier plan. Dans leurs travaux, ils réalisent une segmentation en minimisant une fonction d'énergie contenant ces modèles. Toutefois, pour manipuler les mouvements de grandes amplitudes, ils font appel, comme [KaewTraKulPong 2002], à un algorithme de maximisation de l'espérance pour mettre le modèle à jour.

Le mélange de gaussiennes (MOG) est adapté pour les séquences extérieures où il existe des variations lentes multimodales. Pour les environnements dynamiques comme les mouvements des arbres, l'ondulation de l'eau ou la gigue de la caméra, ce modèle fait de fausses détections [Bouwmans 2011].

2.2.5 L'estimation de la densité de noyau

La technique vue en section 2.2.4 utilise un modèle paramétrique pour estimer l'arrière-plan dans la distribution de probabilité de l'estimation. Ce modèle (MOG) est construit sur la base de l'hypothèse de l'intensité du pixel ou de la distribution de la couleur des images.

Une approximation de la fonction de densité de probabilité (pdf) du fond peut être donnée par l'histogramme des valeurs les plus récentes classées comme valeurs de référence. Cependant, comme le nombre d'échantillons est nécessairement limité, une telle approximation présente des inconvénients importants. Afin de répondre à ces questions, Elgammal et al dans [Elgammal 2002] ont proposé de modéliser la répartition de fond par un modèle non paramétrique basé sur l'estimation de densité du noyau (KDE).

Le modèle utilise l'intensité de la couleur d'un pixel, pour modéliser l'arrière-plan. Soient $x_1, x_2, \ldots, x_N$ les nouvelles valeurs des intensités des pixels, on peut obtenir une estimation de la valeur d'intensité pour chaque pixel en utilisant l'estimation du noyau. La probabilité qu'un pixel aura la valeur d'intensité x_t à l'instant t, peut être estimée comme suit :

$$Pr(x_t) = \frac{1}{N}\sum_{i=1}^{K} P(x_t - x_i) \tag{2.10}$$

P est une fonction normale N(0,Σ) où Σ représente la largeur de bande de la fonction du noyau. La probabilité devient alors :

$$Pr(x_t) = \frac{1}{N}\sum_{i=1}^{K} \frac{1}{(2\pi)^{\frac{d}{2}} \mid \Sigma \mid^{\frac{1}{2}}} e^{-\frac{1}{2}(x_t - x_i)^T \Sigma^{-1}(x_t - x_i)} \tag{2.11}$$

Les auteurs supposent l'indépendance des différents canaux des trois couleurs. Donc, la matrice de covariance sera de la forme :

$$\Sigma = \begin{pmatrix} \sigma_1^2 & 0 & 0 \\ 0 & \sigma_2^2 & 0 \\ 0 & 0 & \sigma_3^2 \end{pmatrix} \tag{2.12}$$

L'estimation de la densité peut s'exprimer d'une autre manière :

$$Pr(x_t) = \frac{1}{N}\sum_{i=1}^{K}\prod_{j=1}^{3} \frac{1}{\sqrt{2\pi\sigma_j^2}} e^{-\frac{(x_{tj} - x_{ij})}{2\sigma_j^2}} \tag{2.13}$$

Un pixel sera considéré comme appartenant au premier plan (c'est à dire un objet en mouvement) si $Pr(x_t) <$ S où S est le seuil global pour toute l'image. Des résultats sont présentés dans la figure 2.6.

Parmi les dernières approches non-paramétriques s'appuyant sur les travaux de [Elgammal 2002], nous pouvons citer [Mittal 2004], [Zivkovic 2006], [Noriega 2006], [Zhang 2009]. [Mittal 2004] ont proposé l'utilisation de largeurs de bande variables pour l'estimation de la densité par noyaux. [Noriega 2006] ont proposé une nouvelle estimation non paramétrique en combinant des histogrammes de noyau locaux et les caractéristiques de contour. Cette approche donne des résultats plus stables concernant les changements d'illumination, comme les caractéristiques basées contour permettent de réduire le taux d'erreur dans différentes conditions d'éclairage. [Zhang 2009] introduisent une technique de modélisation non paramétrique qui utilise les variations spatio-temporelles de pixels pour modéliser le fond. Pour détecter un objet en mouvement à l'instant t, cette méthode classe chaque pixel comme étant un pixel de premier plan ou de fond sur la base de la comparaison des probabilités de ses pixels voisins et en comparant un certain seuil.

L'estimation de la densité de noyau s'avère une méthode efficace et précise [Hedayati 2012] par rapport aux autres méthodes présentées dans ce rapport de thèse. Des méthodes telles que le mélange de gaussiennes et l'estimation de la densité de noyau fonctionnent mieux lorsque le fond est très instable ou le bruit conséquent [Benezeth 2010]. L'inconvénient majeur de cette méthode réside dans la taille mémoire qu'elle nécessite [Piccardi 2004], [Hedayati 2012].

2.2.6 Résultats avec les méthodes de détection

Afin d'évaluer les résultats des méthodes de détection et de modélisation d'arrière-plan, nous avons pris des séquences vidéo à l'intérieur et à l'extérieur du laboratoire MIS et dans le port de Djibouti dans des conditions réelles, avec un capteur fish-eye.

La première séquence (figure 2.3, représente les résultats de la détection des images prises à l'intérieur du laboratoire MIS.

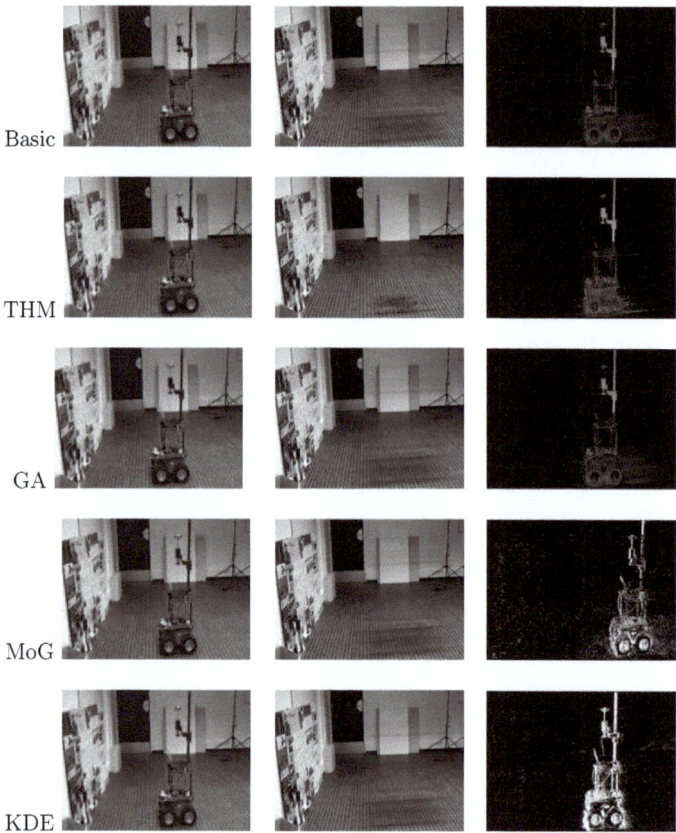

FIGURE 2.3: Résultats avec les méthodes de soustraction d'images successives (Basic), des doubles Histogrammes (THM), de la moyenne gaussienne (GA), de Mélange de gaussiennes (MoG) et de l'estimation de la densité du noyau (KDE). A gauche Image originale, au centre arrière-plan sans objet en mouvement et à droite image de premier plan avec binarisation

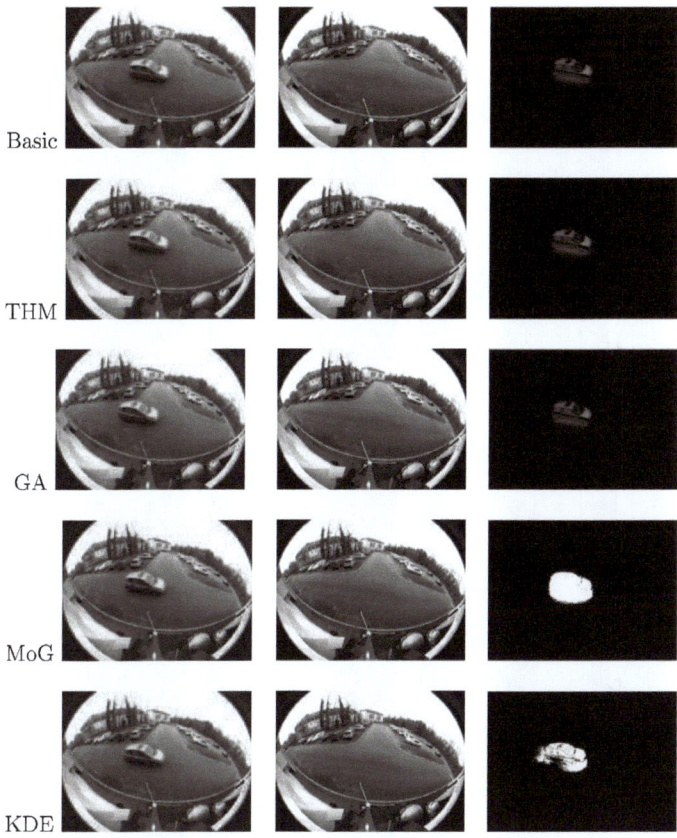

FIGURE 2.4: Résultats avec les méthodes de soustraction d'images successives (Basic), des doubles Histogrammes (THM), de la moyenne gaussienne (GA), de Mélange de gaussiennes (MoG) et de l'estimation de la densité du noyau (KDE). A gauche Image originale, au centre arrière-plan sans objet en mouvement et à droite image de premier plan avec binarisation

La figure 2.5 représente les résultats de la détection au port de Djibouti

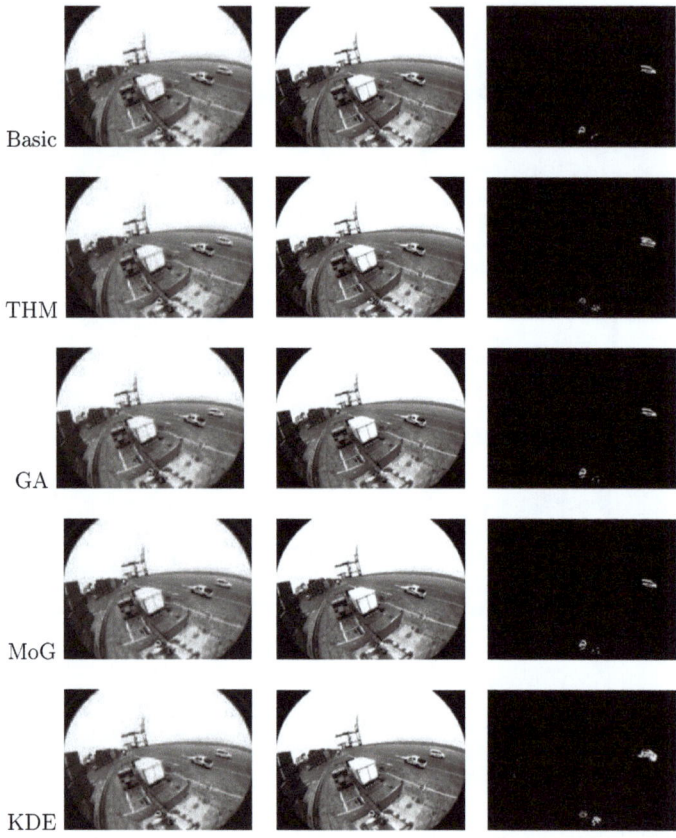

FIGURE 2.5: Résultats avec les méthodes de soustraction d'images successives (Basic), des doubles Histogrammes (THM), de la moyenne gaussienne (GA), de Mélange de gaussiennes (MoG) et de l'estimation de la densité du noyau (KDE). A gauche Image originale, au centre arrière-plan sans objet en mouvement et à droite image de premier plan avec binarisation

Dans les deux cas, les expériences montrent que les méthodes uni-modales telles que la soustraction d'images successives, la méthode de doubles histogrammes et la moyenne gaussienne, l'arrière-plan est faible et n'est pas robuste en comparaison avec les résultats des autres méthodes.

Dans la figure 2.6, nous avons souhaité montrer l'influence directe α (seuil global de l'image) et du nombre d'image prises en compte pour estimer l'arrière-plan.

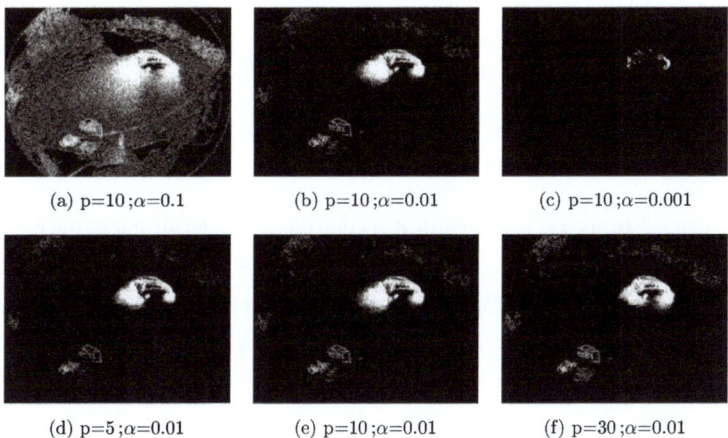

(a) p=10 ;α=0.1   (b) p=10 ;α=0.01   (c) p=10 ;α=0.001

(d) p=5 ;α=0.01   (e) p=10 ;α=0.01   (f) p=30 ;α=0.01

FIGURE 2.6: Résultats avec la technique de l'estimation de la densité avec un noyau gaussien pour différentes valeurs de p : le nombre d'images prises en compte pour l'estimation du fond et de α : le seuil global pour toute l'image.

2.3   Suppression d'ombre

En environnement réel, les ombres posent des problèmes lors de la détection et du suivi des objets dans une séquence vidéo. Dans nos travaux, nous partons de l'hypothèse que les modèles des objets détectés dans la scène et leur mouvement sont inconnus, afin d'élargir au maximum l'indépendance de l'application.

En effet, les ombres modifient les structures des objets perturbant ainsi les résultats escomptés. La détection et la suppression préalable des ombres sur les objets sont une étape incontournable dans notre application.

Nous allons présenter dans un premier temps, un bref état de l'art des techniques existants pour la suppression de l'ombre en se basant sur l'étude comparative présentée par [Sanin 2012]. Ensuite nous présenterons l'algorithme de notre choix et des résultats sur des séquences réelles.

2.3.1 État de l'art sur la suppression d'ombre

Il n'existe aucune technique de détection d'ombre robuste unique qui puisse répondre à toutes les conditions de la scène. Mais la plupart des auteurs partent de l'idée que la région de l'ombre doit avoir une intensité plus faible que la région sans ombre. De manière plus large, les caractéristiques pour détecter une ombre sont regroupées en quatre catégories : caractéristiques de textures, de géométrie, propriétés d'intensité et physiques. Dans ce paragraphe, nous verrons essentiellement les méthodes qui sont proches de notre cas (i.e. véhicules) et en prenant en compte les spécificités (présence de la lumière du soleil, mouvements répétitifs des machines, présence d'un navire) de l'environnement de test (le port de Djibouti (2.7)).

L'hypothèse la plus simple qui peut être utilisée pour détecter des ombres est que les régions sous l'ombre deviennent plus sombres car non éclairées, même si l'éclairage ambiant peut atténuer cet effet. Ces hypothèses peuvent être utilisées pour prédire la réduction de l'intensité d'une région à l'ombre, qui est souvent utilisée comme une première étape pour rejeter les régions où il n'y a pas d'ombre. Cependant, il n'existe pas de méthode qui se fonde

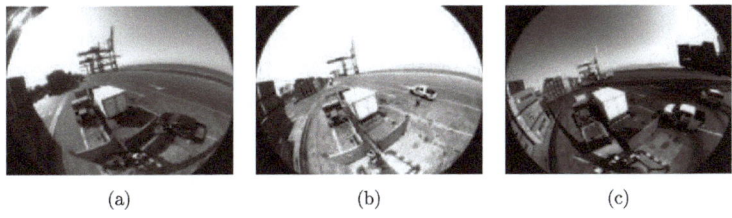

(a)   (b)   (c)

FIGURE 2.7: séquences d'images prises au port de Djibouti : a) scène ensoleillée
du matin, b) à midi et enfin c) en fin d'après-midi

principalement sur les informations d'intensité pour discriminer entre ombre
et objet.

Une autre méthode consiste à utiliser la chrominance. La plupart des méthodes de détection de l'ombre en fonction des caractéristiques spectrales utilisent les informations de couleur. On part de l'idée que les régions sous l'ombre
deviennent plus sombres, mais conservent leur chrominance. [Chen 2010] et
al. ont retiré les ombres de la composante de luminance d'une image tout en
conservant des composantes de chrominance intacte.

Les méthodes qui utilisent ce modèle pour la détection d'ombres choisissent
souvent un espace couleur avec une meilleure séparation entre la chromacité
et l'intensité de l'espace de couleur RVB (par exemple HSV [Cucchiara 2003]
ou YUV [Chen 2010]). La plupart de ces méthodes sont simples à mettre en
oeuvre et peu coûteuses en calcul. Mais elles sont sensibles au bruit parce que
les comparaisons sont faites au niveau des pixels.

Enfin, nous pouvons évoquer les méthodes utilisant l'information géométrique de la scène pour supprimer les ombres des objets. [Fang 2008] et al.
ont utilisé les propriétés spectrales et géométriques des ombres pour créer un
modèle pour les éliminer de la scène. Le principal avantage de cette approche

est de travailler directement sur les images d'entrée, par conséquent, elle ne repose pas sur une estimation précise de la référence de fond. Cependant, ces méthodes imposent des limites de la scène tels que : types d'objets spécifiques, source de lumière unique ou surface plane.

2.3.2   Algorithme pour la suppression d'ombre

Dans notre application, nous nous sommes inspirés des travaux réalisés par [Guo 2011]. Nous prenons en considération la lumière directe, donc issue du soleil par exemple, et celle de l'environnement comme les réflexions de surfaces environnantes. Le modèle d'ombre mis en avant par [Guo 2011] peut être représenté par la formule ci-dessous 2.14 :

$$\mathcal{I}_i^{sh} = (\lambda_i cos\theta_i \mathcal{L}_d + \mathcal{L}_e)\mathcal{R}_i \qquad (2.14)$$

où $\mathcal{I}_i$ représente la valeur dans l'espace RVB du i^{me} pixel, $\mathcal{L}_d$ et $\mathcal{L}_e$ sont des vecteurs de taille 3, chacun représentant l'intensité de la lumière directe et de l'environnement, également mesurées dans l'espace RVB. $\mathcal{R}_i$ est la réflectance de la surface de ce pixel, également un vecteur de trois dimensions, correspondant chacun à un canal. θ_i est l'angle entre la direction de la lumière directe et la normale à la surface. λ_i est une valeur comprise entre [0, 1] indiquant la quantité de lumière directe qui arrive sur la surface, $\lambda_i = 1$ pour les pixels appartenant aux zones sans ombre, $\lambda_i = 0$ pour les pixels appartenant aux régions ombrées et enfin $0 < \lambda_i < 1$ pour la région de pénombre (région plus claire que l'ombre). Pour une image sans ombre, chaque pixel est éclairé de la même manière par une lumière directe et une lumière réfléchie par l'environnement et peut être exprimée comme suit :

$$\mathcal{I}_i^{sh-free} = (\mathcal{L}_d cos\theta_i + \mathcal{L}_e)\mathcal{R}_i \qquad (2.15)$$

En réécrivant la formule de l'ombre donnée 2.14, nous avons :

$$\mathcal{I}_i = k_i(\mathcal{L}_d \mathcal{R}_i + \mathcal{L}_e \mathcal{R}_i) + (1 - k_i)\mathcal{L}_e \mathcal{R}_i \qquad (2.16)$$

avec $k_i = \lambda_i cos\theta_i$ qui est le coefficient d'ombre pour le i^{eme} pixel dans le reste du document, $k_i = 1$ pour les pixels dans les régions sans ombre.

En partant de l'équation 2.15, le ratio de la lumière directe et la lumière ambiante peut s'obtenir de la manière suivante :

$$\nabla = \frac{\mathcal{L}_d}{\mathcal{L}_e} \qquad (2.17)$$

Si une lumière directe et de l'environnement est cohérente dans l'image et si sur la frontière entre l'ombre et la région sans ombre, la réflexion est la même (donc $\mathcal{R}_i = \mathcal{R}_j$), pour deux pixels i et j, nous avons :

$$\nabla = \frac{\mathcal{L}_d}{\mathcal{L}_e} = \frac{\mathcal{I}_i - \mathcal{I}_j}{\mathcal{I}_i k_j - \mathcal{I}_j k_i} \qquad (2.18)$$

Dans les figures 2.8 et 2.9, nous pouvons voir les résultats de l'algorithme sur des séquences réelles avec différentes scènes exposées à différentes luminosités. Les résultats semblent moins bons dans les séquences du port de Djibouti, pour la simple raison que nous avons placé le capteur à une hauteur assez élevée.

2.4 Conclusion

Dans ce premier chapitre, nous avons pu présenter différentes méthodes de détection d'objets en mouvement et de modélisation d'arrière-plan dynamique pour faire la prédiction des collisions. La soustraction de l'arrière-plan avec une image de fond sans objet est la technique la plus classique mais elle est très peu robuste aux changements dynamiques de la scène.

Cependant, cette technique présente deux inconvénients majeurs : le premier problème réside dans le fait que le modèle doit refléter exactement le vrai

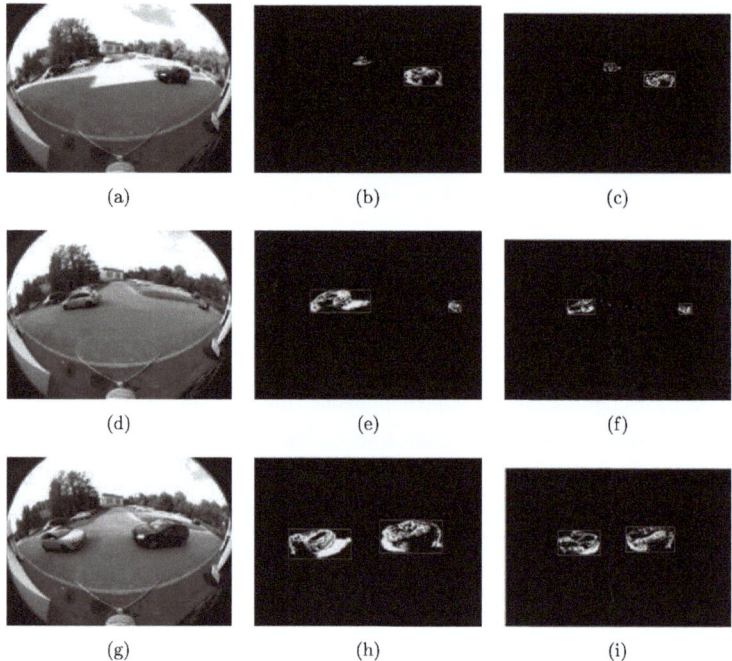

(a)   (b)   (c)

(d)   (e)   (f)

(g)   (h)   (i)

FIGURE 2.8: séquences d'images prises au laboratoire MIS : la colonne 1 image originale, la colonne 2 image binarisée avec l'ombre et enfin la colonne 3 image binarisée sans ombre

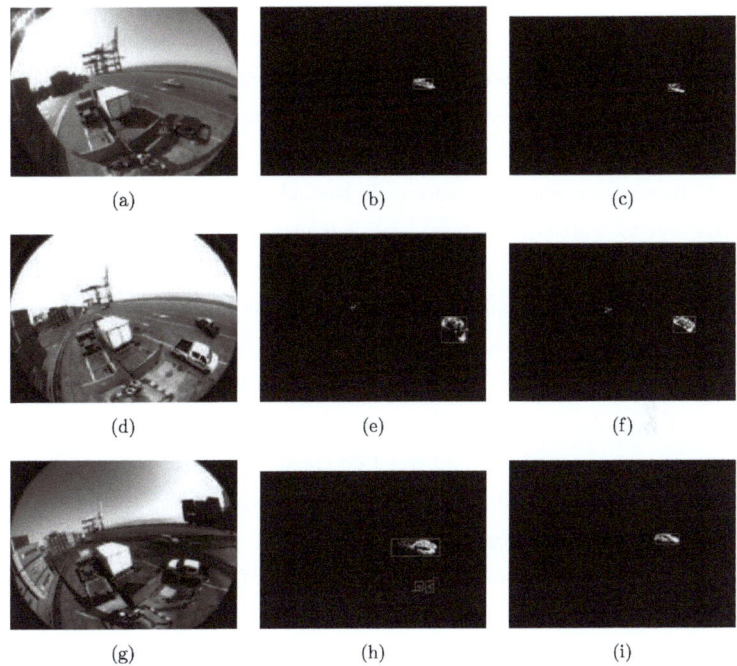

(a) (b) (c)

(d) (e) (f)

(g) (h) (i)

FIGURE 2.9: séquences d'images prises au port de Djibouti :la colonne 1 image originale, la colonne 2 image binarisée avec l'ombre et enfin la colonne 3 image binarisée sans ombre

arrière-plan pour que le système puisse faire la détection exacte des formes des objets en mouvement. La qualité de la détection peut être, par exemple, mesurée sur un rapport de précision et de rappel. La deuxième concerne la sensibilité aux changements brusques dans l'illumination globale de la scène. Supposons qu'une scène reste stationnaire pendant une longue période de temps, les variances des éléments de fond peuvent devenir très petites. Un changement soudain de l'illumination de la scène (passage d'un nuage) peut alors confondre les objets de l'arrière-plan avec ceux du premier plan.

Plusieurs techniques ont été créées pour remédier aux problèmes liés aux changements dynamiques et renouvellent l'arrière-plan en fonction de changement de l'intensité au cours du temps. Ces techniques basées sur des méthodes statistiques de soustraction de fond, font la mise à jour dynamique. Les pixels appartenant aux objets en mouvement sont identifiés en comparant chaque pixel avec les statistiques des modèles de fond.

Par ailleurs, nous avons vu, dans ce chapitre, des problèmes liés aux conditions de luminosité de la scène (lumière naturelle ou artificielle) qui sont l'apparition des « fantômes », mais aussi des « ombres » dans la segmentation de l'objet qui détériorent la détection en modifiant la forme des objets. Nous avons adopté une méthode qui permet de prendre en considération la lumière directe (issue du soleil par exemple) et celle de l'environnement (les réflexions de surfaces environnantes). Nous avons présenté en fin de chapitre, des résultats d'images prises sous différente luminosité. Les résultats obtenus sont prometteurs et montrent la robustesse de la méthode qui permet de supprimer l'ombre de l'objet en mouvement.

CHAPITRE 3

Représentation et suivi des objets en mouvement

Sommaire

3.1 Introduction

Le suivi d'un objet en mouvement dans une séquence vidéo consiste à repérer un objet (objet-cible), ensuite à rechercher, dans les images suivantes de la séquence vidéo, l'objet (objet-candidat) ayant la plus grande ressemblance avec l'objet-cible. Autrement dit, il s'agit de générer une trajectoire de l'objet-cible à travers chaque image de la vidéo.

Les principales difficultés dans le suivi des objets-cibles sont l'occultation (partielle ou totale), les interruptions de mouvement de ce même objet-cible. En outre, la détection des objets dans une séquence vidéo peut avoir des conséquences sur le suivi de l'objet-cible dans la mesure où la forme de l'objet peut changer à cause principalement des changements de luminosité de la scène et du bruit causé par le mouvement de la caméra.

L'objectif dans ce chapitre consiste à exposer et étudier les principales méthodes de suivi de plusieurs objets-cibles. En particulier, dans ces travaux de thèse, nous allons étudier des scènes extérieures et exposées à diverses conditions de luminosité et climatiques (voir figure 3.1).

Ce chapitre sera organisé de la façon suivante. Nous allons, dans un premier temps, faire un état d'art et étudier les principales méthodes de suivi existantes dans la littérature en se basant essentiellement sur l'article de [Yilmaz 2006]. L'ensemble de ces méthodes préliminaires sera l'occasion de présenter et d'organiser les travaux antérieurs sur lesquels se basent l'utilisation de méthodes de suivi dans les sous-paragraphes suivants. Ensuite, dans un deuxième temps, nous exposerons le filtre de Kalman ainsi que l'algorithme que nous avons développé pour le suivi des véhicules. Et en fin de chapitre, nous exposerons des résultats de cette méthode de suivi.

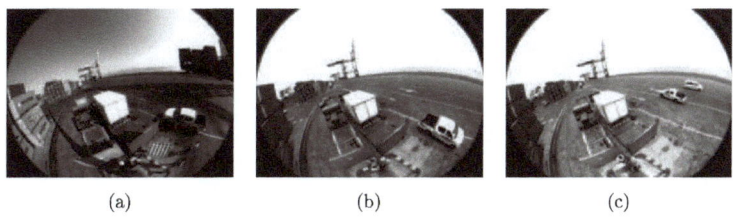

(a)   (b)   (c)

FIGURE 3.1: scène extérieure reflétant le changement de luminosité

3.2   Représentation des objets

Afin de garder un historique des emplacements et positions des objets détectés, il est nécessaire d'avoir une représentation la plus proche possible des
objets suivis. La représentation d'objets est généralement choisie en fonction
du domaine d'applications. Dans cette section, nous allons décrire les différentes représentations du modèle objet et des fonctionnalités couramment
utilisées pour le suivi. Ces représentations sont décrites et détaillées dans les
revues de [Yilmaz 2006] et [Yilmaz 2012].

3.2.1   Représentations géométriques

La représentation géométrique peut être une ellipse (3.2 d) ou un rectangle
(3.2 c), permettant une description de la dimension de l'objet. Cette forme
géométrique peut être calculée à partir des moments de second ordre ou de
troisième ordre (i.e. les invariants de HU [Hu 1962]). Le mouvement des objets
associés est généralement modélisé à l'aide de transformations de translations,
affines ou projectives. Ces représentations géométriques sont appropriées et
valables pour représenter aussi bien des objets rigides simples que des objets
non rigides.

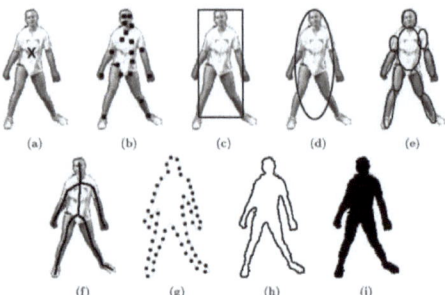

FIGURE 3.2: Représentations d'objets. (a) centre de masse de l'objet, (b) plusieurs points caractéristiques, (c) forme rectangulaire (d) forme elliptique (e) plusieurs pièces regroupées , (f) squelette de l'objet, (g) des points de contrôle sur l'objet contour, (h) objet avec contour complet, (i) la silhouette de l'objet (source [Yilmaz 2006]).

3.2.2   Contours

La représentation de l'objet par son contour détermine la limite de l'objet et donne une description et une information plus complète de la forme d'un objet. Un contour sera vu comme étant un ensemble de points (3.2 g) ou par un contour complet de l'objet (3.2 h). L'objet peut aussi être représenté comme information supplémentaire par la forme interne appelée aussi silhouette (3.2 i). Bien que ce type de représentations soit utilisé dans la majeure partie des travaux pour des objets non rigides, [Roller 1993] présente une utilisation de ces contours pour le cas des véhicules.

3.2.3   Squelettes

La représentation de forme par un squelette est utilisée pour reconnaître des objets. Il peut être extrait à partir de l'axe médian de l'objet. Le squelette est utilisé pour modéliser des objets à la fois articulés et rigides (3.2 f).

Ceci dit, toutes ces représentations souffrent d'un inconvénient majeur qui consiste en la mise en place d'une période d'apprentissage et d'entrainement.

3.2.4   Points

Contrairement aux représentations citées précédemment, ce type de représentation ne nécessite pas une période d'apprentissage. La représentation d'un objet par un point (3.2 a) consiste par exemple à identifier l'objet par son centre de gravité (i.e. le point situé sur le devant ou l'arrière d'un véhicule) ou plusieurs points (3.2 b) qui sont caractéristiques de la forme de l'objet. Cette représentation de l'objet concerne une représentation simple de la localisation 2D (ou 3D) de l'objet. Elle se généralise à un ensemble de points auxquels peuvent être associés des descripteurs locaux de couleur, de texture ou de mouvement.

3.3   Techniques de suivi des objets

Les méthodes de suivi et de correspondance image à image peuvent se regrouper globalement sous deux notions. La première notion consiste à suivre des objets par mise en correspondance. C'est le cas de la construction des trajectoires des caractéristiques tels que les points d'intérêt. La deuxième notion étant le suivi par mise à jour, consiste quant à elle à prendre en compte l'état de l'objet dans l'image précédente (les images précédentes) pour estimer la position de l'objet dans l'état actuel. Le vecteur d'état de l'objet sera mis à jour à chaque nouvelle détection.

De nombreuses techniques de suivi existent dans la littérature et sont résumées dans [Yilmaz 2006]. Dans cet article, les différents paramètres à estimer sont principalement géométriques comme la position, le centre de l'objet dans l'image [Veenman 2001], la forme en se basant sur la modélisation du contours [Comaniciu 2003] ou sur la modélisation de l'apparence [Yilmaz 2004]. En outre, il existe dans ce dernier cas, des primitives visuelles basées sur l'apparence de l'objet qui jouent un rôle essentiel dans le suivi (comme l'histogramme des couleurs, la texture ou le gradient etc..).

3.3.1   Techniques basées sur la forme géométrique

3.3.1.1   Formes géométriques

La méthode de suivi basée sur la géométrie peut utiliser une ellipse [Birchfield 1998] ou un rectangle [Schweitzer 2006], englobant l'objet à suivre. Le déplacement estimé est en général paramétrique (translation, rotation, affine, etc...). L'approche la plus évidente pour suivre un objet consiste à utiliser un gabarit. En effet, si la forme de l'objet à suivre est bien définie et connue, il est assez simple de trouver la partie de l'image qui correspond le plus au gabarit considéré.

[Birchfield 1998] présente un suivi de la forme de têtes des personnes en modélisant la forme de la tête par une ellipse dont la position et la taille sont mises à jour de manière continue. Les métriques utilisées sont l'intensité, la couleur ou le gradient de l'image (spécialement utilisé pour sa robustesse aux variations d'illumination).

Le principal inconvénient de cette méthode est la lenteur de la recherche exhaustive [Garcia 2008]. Une façon simple de suivre un objet est de minimiser la différence pixel à pixel entre l'objet initial et l'objet candidat en calculant par exemple la fonction SSD (Sum of Square Differences) ou SAD (Sum of Absolute Differences).

3.3.1.2   Contours et silhouettes

Cette méthode, qui semble assez naturelle, consiste à chercher les objets par leur ressemblance d'une image à une autre dans une séquence vidéo. La représentation par contour définit la forme et les frontières de l'objet-cible. Et cette représentation convient pour suivre des formes non rigides complexes. Comaniciu et Al. dans [Comaniciu 2003] utilisent des histogrammes de couleurs pour la répartition des couleurs d'un objet restant sensiblement le même au cours du temps.

Par ailleurs, nous pouvons également rechercher les objets par la forme géométrique de leur contour. Cette méthode peut être utilisée en association à une succession de segmentation pour pouvoir retrouver les contours. Elle fait évoluer le contour de l'objet à l'instant précédent jusqu'à sa nouvelle position à l'instant actuel en minimisant des fonctions d'énergie sur le contour de l'objet (voir [Xu 2002]). Cependant, la mise en oeuvre de ces techniques dans des scènes denses est relativement difficile et est par ailleurs sensible aux occultations.

3.3.1.3 Les points d'intérêt

La dernière méthode, que nous exposerons, est la technique de suivi utilisant les point d'intérêt dans une image. Cette technique consiste à analyser les trajectoires d'un certain nombre de points considérés comme étant des points d'intérêt de l'objet-cible (un ou plusieurs points) tels que les bords, jonctions, fins de ligne ou le centre de gravité de l'objet-cible. Ces points d'intérêt sont des points ayant un voisinage riche d'informations et auxquels peuvent être associés des descripteurs locaux de couleur, de texture ou de mouvement. Ce qui leur permet d'être détectés de manière précise et fiable dans une image ou un ensemble d'images [Vincent 2008]. Dans ce type de technique, les approches peuvent être déterministes ou probabilistes.

- **Méthode déterministe**

Le principe consiste en la mise en correspondance en effectuant le calcul de la distance minimale entre l'objet-cible et l'objet-candidat en fonction des caractéristiques d'apparence (forme, histogramme de couleur et/ou mouvement). Les modèles d'objets basés sur l'apparence peuvent être le contour [Haritaoglu 2000] de l'objet-cible (suivi des personnes dans ces travaux), la densité ou le mouvement calculé par des méthodes de flot optique [Sato 2004].

L'utilisation des histogrammes de couleurs et de contours permet de rendre les caractéristiques invariantes aux translations, rotations et changements d'échelles. Notons que par ailleurs, différentes mesures de distance entre les histogrammes de l'objet-cible suivi et ceux candidats peuvent convenir comme la corrélation, la distance de Bhattacharya ou la divergence de Kullback-Leibler afin de donner de meilleurs résultats pour le suivi des points.

- **Méthode probabiliste**

Les algorithmes de détection, développés dans le chapitre 2, ne donnent pas souvent des résultats efficaces et sont entachés par du bruit dû aux changements de luminosité et des erreurs de mesures de capteurs. En outre, l'apparence d'un objet ainsi que son mouvement peut varier au cours du temps. Ainsi, les méthodes probabilistes permettent de gérer ces problèmes en ajoutant une couche d'incertitude au modèle de l'objet dans l'état actuel. Le procédé de suivi de l'objet-cible sera donc obtenu par des algorithmes de filtrage tels que le filtre bayésien.

3.3.2   Techniques basées sur l'apparence

Les techniques basées sur l'apparence des objets sont souvent employées dans les cas où il est difficile de qualifier l'objet à cause de sa forme très complexe (forme humaine) ou à cause des bruits trop importants. Ces méthodes sont basées sur la conservation de l'apparence (couleur et/ou luminance) de l'objet. Nous présenterons, dans cette sous-section, le mean-shift qui est la méthode la plus populaire qui utilise une représentation de l'apparence d'un objet.

Mean-Shift

Le mean-shift a été introduit par [Fukunaga 1975] dans le but de proposer une estimation intuitive du gradient de la densité d'un nuage de points et de l'utiliser pour les problèmes de reconnaissance de formes. Ensuite, repris par

[Cheng 1995] et très largement développé par [Comaniciu 1999], [Comaniciu 2000], [Comaniciu 2002], il s'agit d'une méthode itérative de montée de gradient permettant de trouver les modes de la densité d'un nuage de points.

Une des approches utilisant le mean-shift repose sur la modélisation de la distribution couleur à l'aide d'un histogramme. L'algorithme mean-shift est appliqué sur la surface résultante de la mesure de similarité entre l'histogramme du modèle et les histogrammes des régions candidats. Le modèle d'apparence est représenté sous la forme d'un histogramme couleur et la mesure de similarité est définie à l'aide du coefficient de Battacharyya. Ces approches, utilisant des histogrammes, sont robustes aux variations géométriques. En effet, contrairement à la géométrie, les statistiques des objets varient peu dans le temps. Cette robustesse est cependant souvent obtenue en dépit de la précision du suivi. L'avantage de la méthode est sa rapidité liée à l'utilisation du mean-shift.

En résumé, l'inconvénient majeur de ces techniques basées sur l'apparence de l'objet est de ne pas tenir compte de l'aspect volumique ou des caractéristiques intrinsèques de l'objet.

3.3.3   Les méthodes prédictives

Le filtrage de Kalman

Le filtre de Kalman, développé par [Kalman 1960], est un filtre linéaire prédictif qui apporte une solution efficace et de mise en oeuvre simple dans des conditions particulières pour estimer et corriger les informations d'un état d'un système. C'est un estimateur récursif optimal dans le cas des processus gaussiens centrés. Il est à noter que le filtre de Kalman fonctionne dans le cas d'un système linéaire et dans le cas d'un bruit blanc gaussien. Pour les systèmes dynamiques où le modèle d'évolution est non linéaire, nous parlerons dans ce cas de l'utilisation d'un filtre de Kalman étendu [Unterholzner 2012] qui permet de linéariser le système autour de l'estimation précédente.

Le filtrage particulaire

Le filtrage de Kalman n'est valable que lorsque la loi a posteriori de l'état peut être bien approximée par une distribution gaussienne. Ainsi, le filtrage particulaire, développé à l'origine par [Gordon 1993], est une généralisation du filtrage de Kalman dans laquelle la distribution n'est plus contrainte à être gaussienne. Il s'agit d'une méthode de simulation séquentielle de type Monte-Carlo, dans laquelle des échantillons pondérés appelés particules explorent l'espace d'état et interagissent sous l'effet d'un mécanisme de sélection qui concentre automatiquement les particules (i.e. la puissance de calcul disponible) dans les régions d'intérêt de l'espace d'état [Legland 2003]. Les particules sont mises à jour régulièrement dans un schéma similaire au filtrage de Kalman à l'aide d'une étape de prédiction, d'une étape de mesure et d'une étape de correction de l'état.

3.3.4   Suivi de plusieurs objets-cibles

Dans le cas de plusieurs objets-cibles, le suivi pourra se faire toujours avec ces algorithmes de filtrage mais une étape supplémentaire sera nécessaire. Elle consiste à associer des objets-cibles aux objets-candidats. Il existe des nombreuses techniques d'association, mais les plus utilisées (voir [Cox 1993] et [Chang 1991]) sont le JPDAF ("Joint Probability Data Assocation Filtering") et le MHT ("Multiple Hypothesis Tracking"). Bien que ces deux techniques soient totalement différentes sur le principe, elles présentent un point commun qui est la construction d'une fonction de coût d'association concernant une association cible-piste. Cette fonction est calculée à partir des valeurs de probabilité qui prennent en compte le taux de fausses alarmes.

-> **Joint Probability Data Assocation Filtering** :

Le principe de cette technique issue d'une ancienne méthode, le PDAF (Probabilistic Data Association Filter) développé par [Bar-Shalom 1988], consiste à construire un estimateur qui prend en compte les observations de voisinage de la position et de la vitesse de la cible prédite en utilisant une probabilité a posteriori. Le JPDAF ajoute la possibilité de suivi multi-pistes et prend en compte aussi les incertitudes liées aux mesures très peu fiables telles que les occultations partielles. L'inconvénient majeur dans cette méthode est l'incapacité à initialiser des nouvelles cibles détectées.

-> **Multiple Hypothesis Tracking** :

Cette méthode est celle qui est la plus utilisée parmi les méthodes de suivi multi-cibles car contrairement à la méthode précédente, elle prend en compte l'apparition des nouvelles pistes. Le principe de MHT consiste à calculer la probabilité a posteriori de chaque hypothèse en tenant compte les détections manquantes, la possibilité de détecter de nouvelles cibles et les fausses alarmes. [Cox 1993] utilise cette méthode pour les suivi multi-cibles de points d'intérêt issus d'une séquence vidéo en utilisant le filtre de Kalman.

3.4   Filtre de Kalman

Afin d'améliorer la qualité de la prédiction, nous avons opté pour le filtre de Kalman linéaire discret. Le but dans ce sous-paragraphe est de décrire les principaux paramètres mis en oeuvre pour ainsi justifier notre choix d'employer ce type de filtre sous diverses scénarios testés par notre système.

[Kalman 1960] a conceptualisé le filtrage dans le domaine temporel grâce à la notion de modèle d'état en exploitant une description interne des processus aléatoires dite "représentation gaussienne-markovienne". L'intérêt d'un tel filtre repose sur sa récursivité : la valeur estimée ne dépend que de sa valeur précédente et de la valeur courante de l'observation. Contrairement aux méthodes concurrentes où la plupart des estimations sont effectuées a posteriori en considérant l'ensemble des mesures, l'estimation du filtre de Kalman est mise à jour à chaque nouvelle mesure.

Il est nécessaire de noter que dans notre application, nous avons fait l'hypothèse que l'erreur sur le positionnement par le capteur visuel a la forme d'un bruit blanc gaussien. Ce qui nous donnera dans le cas de la prédiction d'une trajectoire rectiligne, un filtre linéaire. Aussi, nous ne traiterons dans ce qui suit que le cas discret du filtre de Kalman. Considérons l'équation 3.2 :

$$\mathcal{X}_k = \mathcal{A}_k * \mathcal{X}_{k-1} + \mathcal{W}_k \tag{3.1}$$

$$\mathcal{Y}_k = \mathcal{H}_k * \mathcal{X}_k + \mathcal{V}_k \tag{3.2}$$

où $\mathcal{X}_k$ représente le vecteur d'état (ou de système) et $\mathcal{X}_k$ représente le vecteur de bruit (ou de mesure) à l'instant t.

* $\mathcal{A}_k$ est appelé la matrice de transition du système, est connue et peut éventuellement évoluer au cours du temps. De dimension m*m ($\mathcal{R}^m$), elle traduit la relation markovienne de l'état entre l'instant précédent k-1 et l'instant courant k.

* $\mathcal{H}_k$ est appelé matrice d'observation et de dimension p*m ($\mathcal{R}^p$). Cette matrice traduit la relation entre le vecteur d'état et l'observation.

* $\mathcal{W}_k$ traduit le bruit du modèle (ou d'état) et sa matrice de covariance est $\mathcal{Q}$. Il est de même dimension que la matrice de transition.

* $\mathcal{V}_t$ est le bruit de mesure et sa matrice de covariance est $\mathcal{R}$.

Les bruits $\mathcal{W}_k$ et $\mathcal{V}_k$ (3.4) sont des vecteurs aléatoires, gaussiens et centrés en zéro, indépendants mais pas nécessairement stationnaires.

$$\mathcal{W}_k \sim \mathcal{N}(0, \mathcal{Q}_k) \tag{3.3}$$

$$\mathcal{V}_k \sim \mathcal{N}(0, \mathcal{R}_k) \tag{3.4}$$

Le filtre de Kalman est un filtre particulier du filtre bayésien qui fournit l'estimation du vecteur d'état en deux étapes (voir figure 3.3) : une étape de prédiction et un étape de correction.

L'étape de prédiction qui consiste à estimer de la position du point dans l'image.

L'étape de correction réalise l'estimation corrigée prend en compte la nouvelle mesure qui a été faite.

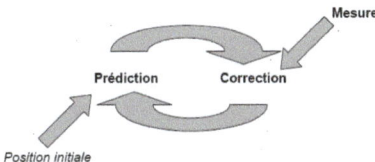

FIGURE 3.3: Illustration de deux étapes du filtre de Kalman (source : RC Johnson, A Brief Summarization of the Kalman Filter, V.A.S.T lab (USA))

Les différentes étapes de l'algorithme de Kalman sont les suivantes :

-> Initialisation du vecteur d'état $\mathcal{X}$ et de sa matrice de covariance $\mathcal{P}$

$$\mathcal{X}_{0|0} = \mathcal{X}_0 \tag{3.5}$$

$$\mathcal{P}_{0|0} = \mathcal{P}_0 \tag{3.6}$$

-> Calcul de l'estimation de l'état du système $\hat{\mathcal{X}}_k$ à l'instant t à partir des mesures disponibles à l'instant t-1

$$\mathcal{X}_{t|t-1} = \mathcal{A}_t * \mathcal{X}_{t-1|t-1} \tag{3.7}$$

-> Mise à jour intermédiaire de la matrice de covariance de l'état en tenant compte de l'évolution prévue par l'équation de commande

$$\mathcal{P}_{t|t-1} = \mathcal{A}_t * \mathcal{P}_{t-1|t-1} * \mathcal{A}_t^T + \mathcal{Q}_t \tag{3.8}$$

-> Calcul du gain du filtre optimal.

$$\mathcal{G}_t = \mathcal{P}_{t|t-1}\mathcal{H}_t^T(\mathcal{H}_t * \mathcal{P}_{t|t-1}\mathcal{H}_t^T + \mathcal{R}_t)^{-1} \tag{3.9}$$

Ce gain ne dépend pas des données mesurées et tient uniquement compte des caractéristiques statistiques du bruit de mesure. Il peut être calculé a priori.

-> Mise à jour de la matrice de covariance de l'état.

$$\mathcal{P}_{t|t} = (\mathcal{I} - \mathcal{G}_t * \mathcal{H}_t) * \mathcal{P}_{t|t-1} \tag{3.10}$$

-> Correction de l'estimation de l'état

$$\mathcal{X}_{t|t} = \mathcal{X}_{t|t-1} + \mathcal{G}_t * (\mathcal{Z}_t - \mathcal{H}_t * \mathcal{X}_{t|t-1}) \tag{3.11}$$

En outre, nous utiliserons le filtre de Kalman pour déterminer les dimensions des ellipses d'incertitudes.

Illustration du Filtre de Kalman Linéaire

Nous présenterons des résultats de l'implémentation du filtre de Kalman utilisé dans le cadre de nos travaux. Dans le but d'illustrer l'utilité du filtre de Kalman linéaire dans notre application, nous l'avons appliqué d'un coté avec des données issues d'une simulation d'un véhicule en mouvement rectiligne, et d'un autre côté, des tests ont été réalisés dans un parking. La vérité-terrain a été annotée manuellement pour de courtes séquences (entre 200 à 500 images) à l'aide d'un mat posé à hauteur de 1 mètre 70 par rapport au sol. Les trajectoires pour chaque véhicule sont construites à partir du centre de gravité de véhicules (le centre de boîtes englobantes).

3.4.1   Données de simulation

Les résultats de simulations sont présentés sur la figure 3.4. Sur cette figure, nous montrons les résultats obtenus avec la position du véhicule estimée(figure 3.4 a) et la vitesse estimée (3.4 b) en utilisant le filtre de Kalman Linéaire. Nous nous retrouvons dans le cas d'un mouvement linéaire des véhicules. L'implémentation du filtre en matlab a permis d'estimer une trajectoire avec un signal bruité.

On s'aperçoit que malgré le bruit important, le filtre de Kalman a réussi à estimer assez correctement le biais du capteur visuel, ce qui nous permet donc

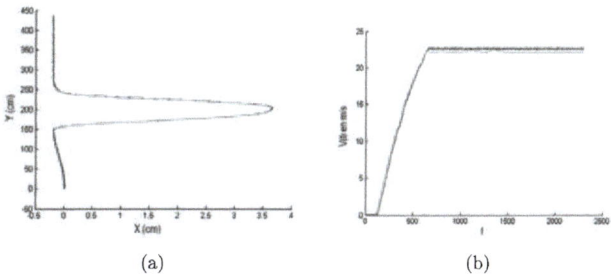

(a)   (b)

FIGURE 3.4: En rouge, la vitesse calculée avec les positions récupérées par simulation et en bleu la vitesse estimée avec le filtre de Kalman linéaire

d'estimer convenablement la position et la vitesse estimée du véhicule. Nous pouvons remarquer que la trajectoire de déplacement et la vitesse estimées par le filtre de Kalman suivent linéairement les données simulées.

3.4.2 Séquences réelles

De même que les séquences simulées, nous avons illustré sur les figures suivantes, des séquences réelles afin de démontrer l'apport de l'utilisation de filtre de Kalman linéaire. Les résultats du filtrage des images réelles prises dans le parking du MIS sont présentés sur la figure 3.5.

Comme cité dans la section 3.4, la vitesse de déplacement du véhicule, une fois détectée dans la scène de surveillance, est constante. Par ailleurs, dans le but d'appliquer le filtre de Kalman linéaire nous avons considérer l'angle d'orientation du véhicule constant par partie. Pour finir, la variation subie par la courbe de vitesse réelle est due à notre méthode de détection des objets en mouvement dans la scène.

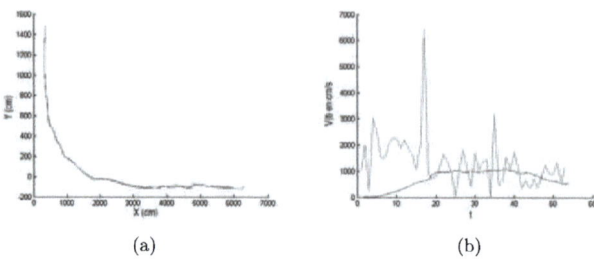

(a)   (b)

FIGURE 3.5: En rouge, la vitesse calculée avec les positions prises par extraction du centre de gravité du véhicule et en bleu la vitesse estimée avec le filtre de Kalman linéaire

3.5   Algorithme de suivi

Après avoir prédit et estimé avec le filtre de Kalman linéaire les objets d'intérêt détectés dans l'image, nous avons souhaité avoir un historique de leurs trajectoires dans le plan image. Pour cela, nous avons développé un algorithme de suivi relativement simple et rapide, basé sur l'association des points d'intérêts entre les trames successives. Nous cherchons donc la correspondance entre les objets de l'image à l'instant t-1 avec les cibles candidats à l'instant t. Pour cela, nous avons calculé la matrice d'association et de correspondance Γ_t de l'instant t-1 à l'instant t. La dimension de cette matrice sera M*N avec M le nombre d'objets dans l'image à l'instant t-1 et N étant le nombre d'objets à l'instant t, signifie la prise en compte de l'apparition des nouveaux objets dans l'image courante ou la disparition des objets existants dans l'image précédente.

$$\Gamma_t = \begin{pmatrix} \lambda_{1,1} & \cdots & \lambda_{1,N} \\ \vdots & \ddots & \vdots \\ \lambda_{M,1} & \cdots & \lambda_{M,N} \end{pmatrix}$$

où M et N correspondent respectivement aux nombres d'objets détectés à l'instant t-1 et à l'instant t. $\lambda_{i,j}$ est à la distance euclidienne entre l'objet dans l'image courante et l'image précédente.

En effet, la matrice d'association Γ_t contient la distance euclidienne entre les objets détectés dans l'image précédente et l'image courante. L'analyse de cette matrice nous permet de connaître la correspondance entre les composantes de l'image à l'instant t avec les composantes à l'instant t-1. Par exemple, pour faire correspondre deux objets dans deux images successives, le calcul de la distance euclidienne doit être inférieure à un certain seuil ($\mathcal{T}_h$) et aussi strictement supérieure à 0 (qui signifie que l'objet soit sorti de la scène ou stoppé complètement). Ce seuil $\mathcal{T}_h$ est une valeur empirique choisie en tenant compte avec la vitesse de déplacement des véhicules.

3.6 Conclusion

Dans ce chapitre, nous avons développé des méthodes et techniques de suivi d'un (ou plusieurs) objet(s). La première partie a été consacrée à la représentation des objets. Les primitives et les techniques de filtrages qui sont essentielles pour traiter les problèmes de suivi sont aussi exposées dans la seconde partie. Parmi les techniques existantes vues dans ce chapitre, nous avons les méthodes basées sur l'apparence des objets, d'autres basées sur la forme géométrique (contours et silhouettes) et enfin celles basées sur un modèle prédictif (filtrage de Kalman ou particulaire). Les modèles dites prédictifs ont été étudiés pour la prise en compte de l'incertitude dans la représentation de la forme de l'objet. Dans la troisième partie, nous avons détaillé le filtre de Kalman qui nous a permis d'estimer le mouvement des véhicules. Enfin, nous avons développé un algorithme simple qui consiste à associer à chaque objet, son correspondant dans les images suivantes. Bien que les résultats obtenus soient convenables, il est nécessaire d'améliorer en proposant des méthodes tenant compte des particularités des environnements non structurés.

Prédiction des collisions

4.1   Introduction

La notion de prédiction de collision, fortement liée à la notion de sécurité routière, est motivée par la prévention des accidents ou des collisions entre objets de la scène. Un conflit de circulation est défini comme étant une situation dans laquelle deux ou plusieurs usagers de la scène observée se rapprochent l'un de l'autre dans l'espace et le temps telle qu'une collision est inévitable si leurs comportements restent inchangés.

Un environnement structuré est un milieu complexe, dans lequel interagissent de très nombreux acteurs tels que des véhicules, des piétons ou bicyclettes. L'ensemble des acteurs respectent un ensemble de règles communes (code de la route, etc...) pour évoluer dans cet espace. Ces environnements peuvent comporter des intersections, des carrefours ou des autoroutes. La particularité de ces environnements est que l'information est souvent délivrée à travers des dispositifs tels que les feux tricolores, les panneaux de signalisation, l'affichage électronique ou les marquages au sol.

Durant ces deux dernières décennies, de nombreux projets de recherche ont vu le jour. Nous pouvons citer les projets européens récents comme Vizird, ETISEO ou ADVISOR mais aussi les projets américains comme VSAM (nous le verrons en détail dans le paragraphe 4.2) portant sur les mesures de sécurité dans les milieux urbains mais aussi dans les voies de circulation rapide et dans les milieux non structurés. La détection des collisions de circulation est un des résultats de l'analyse du trafic routier qui implique une perspective plus large que les statistiques de collision seules.

Dans l'étude que nous menons ici, il n'existe pas de règles strictes de circulation, les voies d'évolution ne sont pas toujours matérialisées et la signalisation est inexistante. De plus, dans les environnements portuaires qui nous intéressent particulièrement, la taille des véhicules, leurs caractéristiques et leurs natures sont très variables (voir figure 4.1). La conséquence est que les manoeuvres sont rendues difficiles par la faible visibilité, occasionnée par les dimensions importantes des engins. Nous présenterons, dans le cadre de

FIGURE 4.1: Exemple d'un environnement non structuré

ces travaux de thèse, deux méthodes de prédiction de collisions et de suivi de trajectoires d'un ensemble de véhicules évoluant dans un port. L'objectif principal sera de concevoir et de réaliser un dispositif de prédiction de situations à risques afin d'éviter les collisions. Ce dispositif sera implémenté dans des zones de trafic intense situées sur un environnement industriel ou commercial tel qu'une plateforme portuaire, milieu dans lequel le trafic routier s'effectue sans voie de circulation réellement matérialisée.

Nous avons pris comme lieu de test de nos algorithmes le port de Djibouti que nous considérons comme un milieu de trafic intense. En effet, par sa position géostratégique qui se situe au carrefour des routes les plus fréquentées, le port de Djibouti (voir figure 4.2) offre un large panel d'infrastructures pour les échanges régionaux et internationaux.

L'augmentation récente des capacités du port entraine un trafic des véhicules de transbordement, d'engins spécialisés, camions et véhicules légers en constante progression, ce qui a pour conséquence d'accroître le nombre d'accidents. En 2012, le nombre de collisions entre engins évoluant dans le port représente plus de la moitié des accidents (voir rapport d'accidents en annexe). Ces collisions peuvent être liées à deux engins appartenant au port (par exemple, les élévateurs et les portiques de parc ou à conteneurs RTG) ou entre deux véhicules extérieurs en transit dans la zone d'activité portuaire ou encore un camion externe et un engin de transbordement du port.

L'idée d'équiper chaque engin évoluant dans le port de capteurs spécifiques est inapplicable à cause de coût jugé élevé. L'originalité de notre étude est de mettre en place un système de surveillance à base de capteurs visuels statiques permettant de prévenir d'éventuels accidents. En effet, l'utilisation des caméras a grandement contribué au développement des systèmes permettant de réduire les accidents aussi bien en environnements urbains qu'industriels. Dans cet optique, le système envisagé comprendra un réseau de caméras placées à certaines zones à forte probabilité de collisions.

(a)   (b)

FIGURE 4.2: Vue aérienne du port de djibouti

4.2 État de l'art sur les prédictions de collisions

4.2.1 Projets liés au renforcement de la sécurité

Plusieurs projets ont vu le jour pour répondre aux besoins de surveillance et d'amélioration de la sécurité dans les lieux publics. Nous pouvons citer comme exemple, le projet européen **ADVISOR** (Annoted Digital Video for Intelligent Surveillance and Optimised Retrieval de 2000 à 2003), dont le but est de démontrer la faisabilité de l'utilisation d'algorithmes de vision par ordinateur pour détecter le comportement humain anormal dans l'objectif d'améliorer la sécurité des personnes. Ce projet a donné de bons résultats particulièrement dans un environnement de type métro, mais pourrait être adapté à d'autres situations telles que les gares, les aéroports et les centres commerciaux.

Le projet **Co-Friend**, projet européen, a pris fin en 2011. Dans ce projet, les différents participants ont conçu un système novateur pour la compréhension des activités humaines dans des environnements réels et complexes, grâce à un système de vision cognitive, d'identification des objets et des événements. Ils ont mis en oeuvre plusieurs capteurs hétérogènes comme une caméra grand angle, une caméra PTZ et un capteur GPS pour la détection et le suivi des objets dans des lieux publics tels que les aéroports (la plateforme expérimentale étant l'aéroport de Toulouse).

Dans le cadre des projets nationaux sur la surveillance des lieux publics, nous pouvons évoquer aussi le projet **VIZIRD** (VISualisation Sécurisée d'Information Routières Déportées) qui a pris fin en 2012. Son objectif était la mise en place d'un système de surveillance des autoroutes en France à travers un réseau des capteurs déjà existants. La solution finale avait pour but de détecter en temps réel, à l'aide de caméras non calibrées, les incidents sur la voie rapide tels qu'un véhicule abandonné ou roulant dans le sens inverse.

Plus proche de nos travaux de thèse, le projet européen **SUPPORT** (Security UPdate for Port), qui a débuté en 2010, entend élever le niveau de la sécurité portuaire en intégrant les systèmes de sécurité existants dans ce type de milieu avec de nouvelles solutions de gestion de l'information et de surveillance. A la fin de ce projet prévu en 2013, les ports européens seront dotés des nouveaux outils pour satisfaire l'évolution des règlements et des normes internationales en matière de sécurité. Parmi les objectifs visés par le projet **SUPPORT**, nous trouvons :

1. L'évaluation des vulnérabilités ;

2. L'amélioration du contrôle d'accès en établissant des normes pour les systèmes de vidéo-surveillance de clôtures, des alarmes et des intrusions ;

3. L'amélioration du suivi et de la performance de la surveillance en intégrant l'information de gestion de la sécurité dans les systèmes d'aide à la décision ;

4. L'amélioration de la formation en matière de sécurité, des programmes de sensibilisation et de formation à la gestion.

Cependant, le volet de gestion des accidents n'est pas clairement défini mais il est inclus dans les cadres de l'amélioration de performances de surveillance au sein de la plateforme portuaire.

Beaucoup de travaux concernant la détection et la prédiction des collisions dans l'environnement structuré ont été fait. Néanmoins, les milieux et les moyens mis en oeuvre diffèrent. Nous classerons ces travaux en deux grandes sections : environnement structuré et environnement non structuré en spécifiant les capteurs utilisés.

4.2.2 Travaux existants en environnement structuré

4.2.2.1 Intersection avec un seul capteur visuel statique

Plusieurs systèmes automatisés, en utilisant principalement un capteur visuel, ont été développés pour les conflits de la circulation dans les intersections ([Atev 2005], [Saunier 2008], [Ghorayeb 2010b], [Sekiyama 2011], [Er 2012]) et les conflits dans les autoroutes ([Lv 2009], [Huiying 2011]).

Dans [Atev 2005], les auteurs présentent un système de surveillance d'une intersection routière à l'aide d'un capteur de vision statique. L'approche adoptée par Atev et Al. pour la prédiction des collisions est géométrique en utilisant les contours de chaque véhicule. Une collision se produit si et seulement si les parallélépipèdes qui approximent deux véhicules se chevauchent (voir illustration 4.3). Les auteurs présentent dans [Saunier 2008] une méthode probabiliste

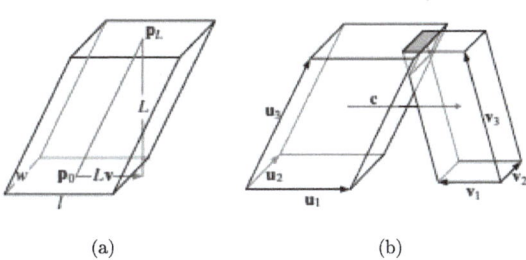

(a)   (b)

FIGURE 4.3: Formes des objets a) représentation de contour d'un véhicule et b) deux parallélépipèdes se chevauchent avec des arêtes marquées

complète d'analyse de la sécurité routière automatisée. En s'appuyant sur des techniques de conflit de circulation et le concept de la hiérarchie de la sécurité (voir figure 4.4), ils fournissent des définitions de calcul de la probabilité de collision pour les usagers de la route impliqués dans une interaction. Un système complet basé sur la vision est mis en oeuvre pour démontrer l'approche, fournissant des résultats expérimentaux sur des données vidéo du monde réel.

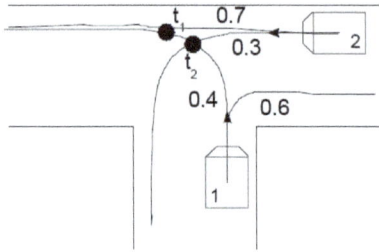

FIGURE 4.4: Hypothèse d'extrapolation avec des probabilités des collisions entre deux véhicules : source [Saunier 2007]

[Ghorayeb 2010b] et Al. proposent un capteur visuel ominidirectionnel optimal en vue d'une application au diagnostic du trafic routier à destination des véhicules d'urgence. Le capteur composé d'une caméra perspective couplée avec 5 miroirs (figure 4.5) et placé à un point de haute vue permet d'optimiser la zone de surveillance, et particulièrement un croisement d'un carrefour dans cet article.

FIGURE 4.5: forme du miroir optimisé source :[Ghorayeb 2010b]

Dans [Sekiyama 2011], Sekiyama et Al introduisent le concept de région atteignable pour prédire les comportements futurs de véhicules dans une intersection. L'approche de "Région réalisable" (voir figure 4.6) était efficacement utilisée pour estimer les interactions entre les véhicules dans un proche avenir. Afin d'estimer les interactions et les régions atteignables, un algorithme d'apprentissage du modèle de scène, basé sur le regroupement des trajectoires véhicules combiné avec les connaissances antérieures observées ont été nécessaires. Avec leur approche, une collision entre véhicules peut être définie si leurs différents régions atteignables correspondants se chevauchent.

FIGURE 4.6: Vue d'ensemble du système d'une intersection avec les "régions réalisables"

Plus récemment, dans [Er 2012], les auteurs proposent une nouvelle approche de prédiction des accidents basée sur l'extraction de la relation entre les véhicules impliqués dans l'accident. Cette approche consiste à estimer des trajectoires communes aux véhicules rentrant dans l'intersection. Dans la même vision que [Sekiyama 2011], leur modèle de trafic aux intersections est basé sur l'apprentissage des comportements des objets d'intérêt, en détectant toutes les trajectoires de suivi de chaque véhicule.

4.2.2.2 Intersection avec plusieurs capteurs statiques

D'autre part, nous citerons d'autres travaux relatifs aux conflits d'accidents dans les intersections mais avec plusieurs capteurs combinés [Kwon 2006] (réseaux des capteurs installés sur la chaussée et GPS) et [King 2007] (réseaux des capteurs sans fil).

Dans [Kwon 2006], les auteurs supposent que les capteurs soient uniformément installés sur les chaussées. Les informations, telles que la position et la vitesse des véhicules, sont détectées et envoyées à la station de base située au centre de l'intersection. Elle recueille les informations sur l'état des véhicules s'approchant de l'intersection et les transmet aux autres véhicules dans une zone de diffusion locale. Chaque véhicule est équipé d'un récepteur GPS et un système embarqué, et a la possibilité de calculer la probabilité de collision.

Dans [King 2007], les auteurs mettent en place un ensemble de capteurs de détection de véhicules (émetteurs-récepteurs) avec ou sans fil pour transmettre des données de détection de véhicule en temps réel. Ce réseau sans fil de capteurs de détection de véhicule est noyé dans les chaussées et détecte la position et la vitesse de tous les véhicules approchant une intersection. Ces informations sont transmises à une station de base installée sur le bord de la route qui permet de détecter les collisions probables. Les données seront prises en compte par les feux de signalisation pour prévenir les conducteurs d'une éventuelle collision.

4.2.2.3   Autre environnement structuré : Autoroutes

Les accidents sur les voies rapides telles que les autoroutes sont les plus dangereux pour la vie humaine. De nombreuses applications et des efforts considérables ont été entrepris pour réduire l'occurrence d'un accident de la route surtout en période de mauvaise météo. Parmi ces travaux, nous pouvons citer les travaux [Brulin 2010] qui présentent un système d'analyse des voies rapides capable de compter, de classer et de détecter les mauvais sens et véhicules arrêtés. Le système développé utilise un modèle de la scène pour améliorer la détection et le suivi d'objets au cours du processus. Une étape d'apprentissage est effectuée par les auteurs pour estimer la géométrie de la scène et des informations globales sur les mouvements relatifs à la voie rapide. Cette étape sert aussi à la mise en place de l'étape de la segmentation des véhicules.

Il y a aussi les travaux réalisés par [Huiying 2011] qui concernent principalement l'identification des accidents les plus probables en utilisant la méthode "relation entropie gris" pour sélectionner les principaux facteurs dans les données de trafic qui peuvent refléter les données de trafic en temps réel et utiles pour prévoir les accidents potentiels. Les auteurs utilisent un réseau de neurones probabiliste qui est un modèle de classification pour identifier les conditions de circulation normale et dangereuse.

4.2.3 Travaux existants en environnement non structuré

Borges et Al. dans [Borges 2013], dans leurs travaux, les capteurs sont d'une part une caméra statique pour détecter les objets (véhicules et personnes) évoluant dans la scène et d'autres part un GPS à bord des véhicules pour la navigation et la localisation (voir figure 4.7). Ils utilisent une méthode de co-occurrence pour la détection après avoir classé l'objet comme humain, le mean-shift pour le suivi et le filtre de Kalman pour la prédiction. Le risque d'une collision est calculé en tenant compte de la trajectoire prévue du véhicule et les emplacements des observations piétonnes récentes. Le conducteur reçoit l'information d'une collision probable dans la cabine à travers des signaux lumineux.

FIGURE 4.7: Exemple de collision potentielle entre un véhicule et un piéton.

4.3   Incertitudes sur la prédiction des trajectoires

La phase d'estimation de la trajectoire prédite des véhicules est une étape très importante de notre approche. Cette phase est très sensible car elle est basée sur un modèle de mouvement du véhicule (comme le modèle bicyclette ou quatre roues par exemple). Néanmoins, cette estimation du mouvement des véhicules est entachée de beaucoup d'incertitudes et d'erreurs dues au capteur visuel. Elle est basée sur l'historique de déplacement des véhicules et de ses paramètres cinématiques actuels.

En effet, les données (telles que les positions et angles de direction) récoltées avec le capteur visuel sont dépendantes de l'algorithme de détection et des conditions climatiques et de luminosité ambiante. Donc, des erreurs seront toujours induites dans ces données. Afin d'intégrer ces erreurs, nous représenterons des incertitudes autour des positions obtenues sous forme de matrice de variance et covariance. On définit ainsi, ce qu'on appelle les ellipses d'incertitudes.

En outre, le risque de collision entre les véhicules entrant dans la scène est calculé à partir des mesures de distance entre leurs positions respectives. Ceci revient dans notre cas à détecter une superposition de deux ellipses représentatives des deux véhicules.

Ces erreurs et ellipses d'incertitudes sont liées aux positions actuelles des véhicules et augmentent avec la prédiction de la trajectoire future des véhicules sur un horizon temporel donné (voir figure 4.8).

4.4   Première contribution : la grille d'occupation dynamique

Nous proposons une méthode basée sur l'utilisation d'une grille d'occupation pour les objets mobiles (véhicules) dans la scène mise en surveillance.

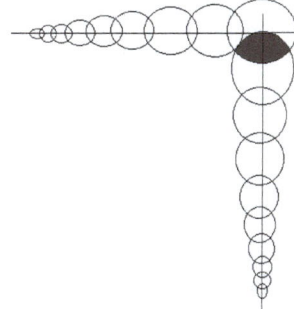

FIGURE 4.8: Représentation des ellipses d'incertitudes

Notre apport comportera l'utilisation du filtre de Kalman pour prédire la position future en s'appuyant essentiellement sur le comportement récent et actuel de véhicules pour construire notre grille d'occupation.

La notion de grille d'occupation (appelée aussi carte d'occupation ou de fréquence) a été présentée pour la première fois par Elfes dans [Elfes 1989] comme un moyen qui fournit une approche solide et unifiée pour une variété de problèmes de perception en robotique et de la navigation.

Une grille d'occupation (voir figure 4.9) est une répartition de l'environnement observé en cellules de taille égale donc une discrétisation spatiale de l'environnement suivant les axes $X_g = X/g$ et $Y_g = Y/g$ où (X,Y) sont les positions réelles des objets et g étant le pas de discrétisation. Les cellules sont supposées indépendantes. Les travaux basés sur la grille d'occupation sont très fréquents en robotique, initialement développés pour la localisation et la cartographie à base de capteur sonar. Le principe consiste à utiliser les données recueillies par les capteurs visuel et/ou laser de localisation spatiale, pour établir une relation spatiale entre les cellules de la grille d'occupation.

Depuis, le concept de grille d'occupation a fait l'objet de beaucoup de travaux dans le domaine de l'environnement non-structuré aussi bien avec des objets non-rigides [Coué 2006] que des objets rigides (i.e. véhicules) [Otte 2009],
[Lefaudeux 2011]. L'approche proposée par Coué et Al. dans [Coué 2006] permet la perception robuste et l'évaluation des risques dans des environnements
très dynamiques (un milieu urbain où évoluent des piétons, des bicyclettes et
des véhicules). Cette approche appelée "Filtre d'Occupation Bayésien (BOF)"
consiste essentiellement en une représentation de l'espace en grille d'occupation avec les techniques de filtrage bayésien. L'originalité de leur méthode
repose sur la combinaison d'une part de la grille d'occupation qui permet de
s'abstraire de la notion d'objet et d'autre part du filtrage bayésien qui permet
de prendre en compte la dynamique de la scène.

Dans un autre cadre, tel que la surveillance des scènes, en utilisant un réseau de caméras statiques, [Hoover 1999] présente un nouveau système conçu
pour la vidéo de surveillance des personnes. Ce système permet de fusionner
les données d'intensité à partir de plusieurs caméras vidéo pour créer une carte
temporelle d'occupation spatiale.

Plus récemment, [Yguel 2006] présente un système de perception qui permet de construire une grille, développé dans le cadre d'un projet français
"PUVAME". Ce système est constitué de plusieurs caméras statiques d'observation d'une intersection, elles permettent de détecter des objets tels qu'un
piéton, cycliste et véhicule. Dans le but d'estimer la présence d'un objet dans
les cellules de la grille d'occupation, Yguel et Al. utilisent une probabilité bayé-
sienne. Leur contribution consiste à modéliser ce type de capteur (composé
de plusieurs caméras et d'une technologie de mise en réseau) et de prendre en
compte les défaillances de ce nouveau capteur.

Par ailleurs, il est important de noter que les différents travaux liés à ce concept de grille d'occupation utilisent le plus souvent des capteurs embarqués tels qu'une mono-caméra, un système de stéréovision, ou une caméra combiné avec des lasers, sonars ou lidars.

Les séquences de la figure 4.10 nous montrent que le calcul du temps de

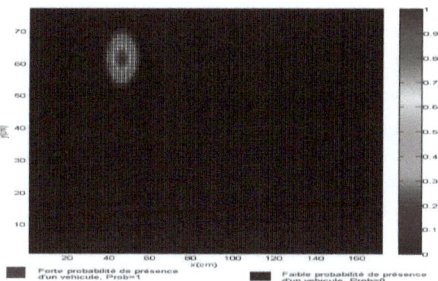

FIGURE 4.9: La grille d'occupation avec une représentation d'un objet construite à partir des informations à l'instant t comme la position et la vitesse du véhicule. La taille des cellules est de 5*5 cm^2

collision des véhicules n'est pas suffisant pour prédire un risque et pour gérer des situations complexes. Les caractéristiques de la scène (forme de la route, limitation de vitesse, l'aménagement des intersections, etc) peuvent ajouter des informations supplémentaires et pertinentes. Prédire les actions futures (comportements) des autres objets impliqués dans le risque de collision, comme une voiture ou un piéton, peut encore améliorer l'estimation de ce risque. Étant donné que ces comportements futurs ne peuvent jamais être exactement connus à l'avance, leur prédiction probabiliste est nécessaire ([Tay 2009]).

Pour notre première contribution, nous avons choisi la grille d'occupation comme implémentation d'une approche probabiliste de la prédiction des collisions.

L'environnement est discrétisé en cellules dont les états seront classées comme suit :

1. État occupé ($\mathcal{C}_t^{occ}$) traduira la présence d'un objet dans cette zone avec une probabilité égale à 1.

2. État libre ($\mathcal{C}_t^{lib}$) : traduira l'absence d'objet dans la scène surveillée donc la probabilité sera égale à 0.

3. Et enfin l'état intermédiaire ($\mathcal{C}_t^{int}$) où la probabilité sera comprise entre 0 et 1.

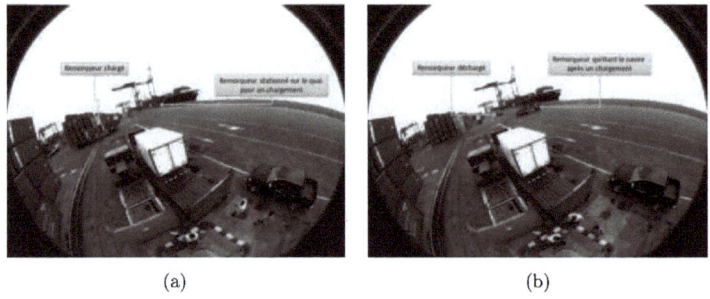

(a)   (b)

FIGURE 4.10: Comportement de déplacement des véhicules au sein du port a) croisement des remorqueurs sur la première ligne de gauche et b) un remorqueur qui quitte le navire et emprunte la deuxième ligne à droite.

Afin d'estimer la probabilité de chaque cellule de la grille $\mathcal{G}$, nous exploitons l'incertitude liée aux positions des véhicules détectés dans la zone de surveillance. Cette incertitude résulte de l'estimation de vecteur d'état du système $\mathcal{X}(t)$ à l'aide du filtre de Kalman, développé dans la section 3.4.

Pour cela, chaque véhicule est caractérisé par le centre de gravité (x, y) de chaque objet détecté dans la scène car on suppose que le sol est plan et que les caméras sont suffisamment hautes. Ensuite, à partir des informations fournies par le capteur visuel (positions, orientation) et estimées avec le filtre de Kalman (vitesses), nous estimerons le trajectoire des véhicules.

Les demi-axes des ellipses d'incertitudes sont respectivement le premier (grand-axe) élément et deuxième (petit-axe) élément de l'estimation de la matrice de covariance $\mathcal{P}$ (donc $\mathcal{P}(1,1)$ et $\mathcal{P}(2,2)$ de l'équation 3.10). Les cellules discrétisées de la grille d'occupation appartenant à l'ellipse d'incertitude sont concernées par la zone d'occupation prédite des véhicules. Plus elles sont proches du centre de l'ellipse c'est-à-dire du centre de gravité (x, y) du véhicule, plus la probabilité caractérisée signifiant la dangerosité de la collision est élevée et tend vers 1 .

Une fois l'étape de création de la zone de collision effectuée, représentée par les ellipses basées sur la matrice de covariance et en fonction de la vitesse de déplacement et de l'angle de braquage, les collisions peuvent être définies comme une situation d'observation dans laquelle une zone occupée par deux véhicules ou plus se chevauchent. Elle est définie par le chevauchement des ellipses d'incertitude des véhicules. Ces ellipses représentant les zones de forte probabilité de présence des véhicules sont prises en considération. Par conséquent, la probabilité $\mathcal{P}rob_{coll}$ est donnée par le produit des probabilités de chaque véhicule $\mathcal{P}rob_{veh}^i$. Ce produit est possible dans la mesure où les deux événements (la probabilité d'occupation de chaque véhicule $\mathcal{P}rob_{veh}^1$ et $\mathcal{P}rob_{veh}^2$) sont a priori indépendants. Ceci est illustré par l'équation 4.1 :

$$\mathcal{P}rob_{coll} = \prod_{i=1 \ to \ veh} \mathcal{P}rob_{veh}^i \tag{4.1}$$

veh exprime le nombre de véhicules impliqués dans la collision.

Dans l'équation 4.2, nous remarquerons qu'un terme s'ajoute aux produits des probabilités d'occupation des véhicules $\mathcal{P}rob_{coll}$. Ce terme qui est le produit de maximum de chaque probabilité d'occupation d'un véhicule permet de normaliser la probabilité de collision :

$$\mathcal{P}rob_{coll}^{norm} = \frac{\mathcal{P}rob_{coll}}{\prod\limits_{i=1 \ to \ veh} max(\mathcal{P}rob_{veh}^i)} \qquad (4.2)$$

Cette probabilité $\mathcal{P}rob_{coll}^{norm}$ de l'équation 4.2 normalisée doit vérifier la condition de l'équation 4.3.

$$distance(\mathcal{E}_i, \mathcal{E}_j) < \sum(\mathcal{G}axe_i^2, \mathcal{G}axe_j^2) \qquad (4.3)$$

où $distance(\mathcal{E}_i, \mathcal{E}_j)$ est la distance entre les deux ellipses et $\mathcal{E}_i$, $\mathcal{E}_j$, $\mathcal{G}axe_i$ et $\mathcal{G}axe_j$ sont respectivement les centres et les grands axes de chaque couple (i,j) d'ellipse des véhicules impliqués dans la collision.

4.5   Deuxième contribution : approche analytique

Si une collision entre véhicules est détectée, le principal paramètre et indicateur de sévérité, étudié jusqu'à présent, est le temps de collision (TTC [1])[Zhang 2006]. Ce dernier consiste à mettre en relief la durée séparant entre les véhicules avant le premier choc. Avec plusieurs variantes, nous pouvons retrouver aussi le temps de post-empiètement (PET [2] signifiant le temps estimé entre le passage du premier véhicule par une position donnée et le passage du deuxième véhicule par la même position) qui, avec le TTC, ont été élaborés pour évaluer la distance et le temps entre les véhicules impliqués [Archer 2004]. Ces temps doivent être suffisamment prédits à l'avance pour permettre aux acteurs (i.e conducteurs) impliqués dans la scène de pouvoir réagir et éviter de rentrer en collision.

Dans le même sens, il y a aussi le concept de "Techniques de Conflits de Trafic (TCT)" utilisé par [Saunier 2008]. Dans leurs travaux, Saunier et Al. présentent un cadre probabiliste pour l'analyse de la sécurité routière

---

1. En anglais Time To Collision ou Time To Contact
2. En anglais Post Encroachment Time

en s'appuyant sur ces techniques de conflits de trafic et sur le concept de l'hiérarchie de sécurité (échelle pyramidale voir figure 4.11).

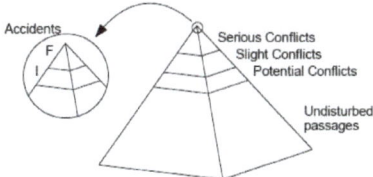

FIGURE 4.11: Hiérarchie de sécurité : source [Saunier 2007]

Notre approche, pour illustrer une collision imminente, consiste à calculer analytiquement l'intersection ou le recouvrement (la zone bleue dans la figure 4.8) entre les ellipses d'incertitude des véhicules.

Cette intersection d'ellipses est calculée en s'inspirant des algorithmes développés par Gary B. Hughes et M. Chraibi [Hughes 2012], pour des applications liées au mouvement dynamique de personnes (telle que l'évacuation d'un bâtiment). Ce logiciel est disponible sur ce lien www.chraibi.de. Ainsi, la détection de collision entre deux véhicules revient à vérifier l'existence d'au moins une zone de chevauchement ou collision entre ellipses appartenant aux deux trajectoires des véhicules.

4.5.1 Calcul de l'intersection entre les ellipses

Dans cette section, nous allons présenter le calcul de l'intersection de deux ellipses qui est à la base des cette approche. Cette zone de chevauchement est notée **S** (zone bleue sur la figure 4.8).

Une ellipse peut être défini par l'équation quadratique suivante :

$$\mathcal{Q}_i(\mathcal{X}) = \mathcal{X}^T \mathcal{A}_i \mathcal{X} + \mathcal{B}_i^T \mathcal{X} + \mathcal{C}_i \qquad (4.4)$$

avec $X = \begin{bmatrix} x \\ y \end{bmatrix}$, $A_i = \begin{bmatrix} a_{11}^i & a_{12}^i \\ a_{21}^i & a_{22}^i \end{bmatrix}$, $B_i = \begin{bmatrix} b_0^i & b_1^i \end{bmatrix}$ et $C_i = c^i$

En détaillant l'équation 4.4, nous avons les équations 4.5 et 4.6 du second degré.

$$\mathcal{Q}_0(x, y) = (a_{22}^0 y^2 + b_1^0 y + c^0) + (2a_{12}^0 y + b_0^0)x + a_{11}^0 x^2 \qquad (4.5)$$

$$\mathcal{Q}_1(x, y) = (a_{22}^1 y^2 + b_1^1 y + c^1) + (2a_{12}^1 y + b_0^1)x + a_{11}^1 x^2 \qquad (4.6)$$

Nous pouvons réécrire les équations 4.5 et 4.6 sous une forme dépendante seulement de x :

$$f(x) = \alpha_0 + \alpha_1 x + \alpha_2 x^2 \qquad (4.7)$$

$$g(x) = \beta_0 + \beta_1 x + \beta_2 x^2 \qquad (4.8)$$

avec $\alpha_0 = a_{22}^0 y^2 + b_1^0 y + c^0$, $\alpha_1 = 2a_{12}^0 y + b_0^0$, $\alpha_2 = a_{11}^0$ et $\beta_0 = a_{22}^1 y^2 + b_1^1 y + c^1$, $\beta_1 = 2a_{12}^1 y + b_0^1$, $\beta_2 = a_{11}^1$

Les deux polynômes $f(x) = 0$ et $g(x) = 0$ ont une racine commune si et seulement le déterminant de Bézout est égal à zéro.

$$(\alpha_1 \beta_0 - \alpha_0 \beta_1)(\alpha_2 \beta_1 - \alpha_1 \beta_2) - (\alpha_2 \beta_0 - \alpha_0 \beta_2)^2 = 0 \qquad (4.9)$$

Pour trouver la racine commune, nous allons résoudre les deux équations et suivantes :

$$0 = \alpha_2 g(x) - \beta_2 f(x) = (\alpha_2 \beta_1 - \alpha_1 \beta_2)x + (\alpha_2 \beta_0 - \alpha_0 \beta_2) \qquad (4.10)$$

$$0 = \beta_1 f(x) - \alpha_1 g(x) = (\alpha_2 \beta_1 - \alpha_1 \beta_2)x^2 + (\alpha_0 \beta_1 - \alpha_1 \beta_0) \qquad (4.11)$$

Quand le déterminant de Bézout est égal à zéro, la racine commune x est :

$$\bar{x} = \frac{\alpha_2 \beta_0 - \alpha_0 \beta_2}{\alpha_1 \beta_2 - \alpha_2 \beta_1} \qquad (4.12)$$

En développant l'équation 4.9 (déterminant de Bézout) et remplaçant les α_i et β_i (i=0..2) par leurs valeurs, nous pouvons réécrire comme suit :

$$\mathcal{B}(y) = u_0 + u_1 y + u_2 y^2 + u_3 y^3 + u_4 y^4 \qquad (4.13)$$

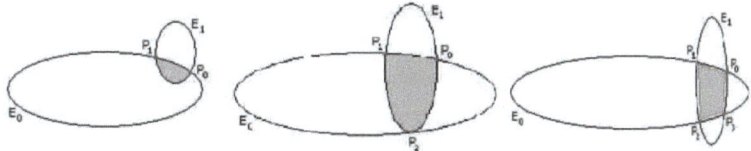

FIGURE 4.12: Différentes possibilités de l'intersection entre deux ellipses a) deux points d'intersection, b) trois points d'intersection et c) de quatre points d'intersection.

Enfin, pour chaque $\bar{y}$ solution de $\mathcal{B}(\bar{y}) = 0$ résout $\mathcal{Q}_0(x, \bar{y}) = 0$ (équation 4.5) nous avons deux solutions $\bar{x}$.

Nous gardons le couple $(\bar{x}, \bar{y})$ pour lequel $\mathcal{Q}_0(\bar{x}, \bar{y}) = 0$ et $\mathcal{Q}_1(\bar{x}, \bar{y}) = 0$. Cette solution peut aboutir à zéro, un, deux, trois ou quatre points et définit s'il existe une intersection entre les ellipses comme le montre la figure 4.12 .

Une fois les points d'intersections entre les ellipses déterminés et résolus avec la méthode du polynôme quadratique de Bézout, nous calculerons la surface concernée (zone colorée en bleu dans le schéma 4.13) par la collision pour chaque ellipse.

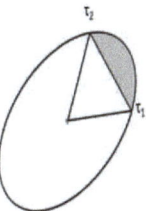

FIGURE 4.13: Représentation d'un secteur elliptique

4.5.2   Paramètres de dangerosité et définition des risques

En présence d'un risque de collision entre véhicules, il est nécessaire de
mettre en place un certain nombre d'indicateurs. Les choix de ces indicateurs
doivent à la fois être simples et représentatifs de la dangerosité du risque de
collision. En général, le principal paramètre à étudier, comme mentionné dans
la section 4.5, est le temps de collision (TTC) qui détermine le temps entre
l'instant courant et l'instant de l'impact entre le premier véhicule, si les trajectoires de ces véhicules restent inchangées. Ce temps est important car il
fournit la durée pendant laquelle le conducteur peut agir afin d'éviter la collision.

Cependant, ce paramètre TTC ne donne aucune indication quant à la
confiance de cette détection ni de solution directe pour éviter l'accident. Dans
notre étude, nous fixerons la durée de prédiction à trois secondes avec seuil
critique de deux secondes correspondant au temps de réaction du conducteur
(une seconde) et au temps d'action sur le véhicule (une seconde).

En outre, dans notre approche, nous proposerons une fonction, qu'on nom-
mera la fonction de danger. Cette fonction sera la combinaison de trois types
de paramètres (voir figure 4.14) qui doivent être étudiés afin d'évaluer le risque
de collision possible entre les véhicules évoluant dans la scène. Ces paramètres
classés dans l'ordre d'importance (ou de dépendance) sont les suivants :

- Le pourcentage de chevauchement entre les ellipses d'incertitudes : ce
  paramètre nous permettra d'avoir une idée du risque de collision, mais
  ce paramètre seul ne sera pas suffisant pour évaluer le danger,

- La distance des centres de gravité des véhicules par rapport à la trajectoire prédite : ce paramètre permettra de renforcer le paramètre précédent dans la mesure où si cette distance est petite, il y a beaucoup plus
  de chance d'avoir une collision malgré le pourcentage de chevauchement,

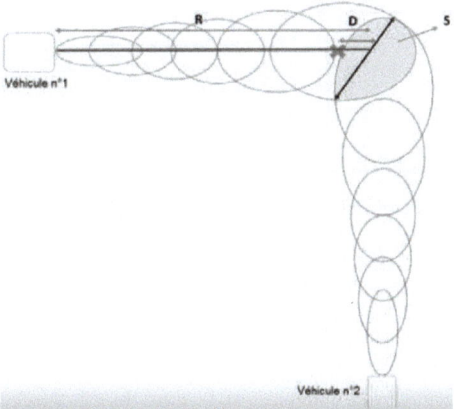

FIGURE 4.14: Illustration des paramètres qui définissent la fonction de risque

- La distance entre les véhicules par rapport à la trajectoire réelle : ce paramètre renforcera les paramètres cités précédemment et correspond au nombre d'ellipses impliquées dans la collision. Plus il y a d'ellipses se chevauchant, plus la collision sera dangereuse.

Le premier paramètre est le rapport entre les surfaces de la zone de collision possibles et la zone de position possibles du véhicule de référence (équation 4.15). Par convention, nous allons prendre comme véhicule de référence, le premier véhicule détecté dans l'image. Si plusieurs véhicules se présentent dans la scène de surveillance, le calcul de cette surface sera, dans ce cas, une combinaison de deux véhicules parmi n véhicules (équation 4.14) :

$$\mathcal{C}_n^2 = \frac{n!}{2! * (n-2)!}. \tag{4.14}$$

Donc, le ratio d'intersection est estimée par (équation 4.15) :

$$\begin{cases} \mathcal{S}_{k,p} = \frac{\mathcal{E}_{i,p} \cap \mathcal{E}_{j,p}}{\mathcal{E}_{i,p}} \\ i = 1..n, \ avec \ i < j, \\ j = 1..n, \end{cases} \tag{4.15}$$

où $\mathcal{E}$ représente la surface d'une ellipse, i et j représentent le nombre de véhicules, p est le nombre d'étapes de prédiction et k est le nombre de chaque paire de véhicules (i, j). Ainsi, par exemple, s'il existe trois véhicules, k est égal à trois, quatre véhicules, k est égal à 6.

Le second paramètre caractérise, pour une estimation à l'instant t, la distance entre le véhicule de référence et la zone de collision probable. Elle est donnée par la distance entre le centre de l'ellipse du véhicule de référence et les points centraux des solutions d'intersection. Cependant, nous pouvons avoir deux, trois ou quatre points de solutions d'intersection (figure 4.12). Les points centraux des solutions représenteront le segment central pour le cas de deux points de solutions, le centre de gravité dans le cas de trois points de solutions et de l'homothétie de centre pour quatre points de solutions.

Le troisième paramètre est l'éloignement $\mathcal{R}$ ou la distance par rapport à la trajectoire réelle. Il est donné par la distance entre la position courante du véhicule hôte et le point central des solutions d'intersection. Ce paramètre permet de nous donner une idée claire du point de collision sur la trajectoire prévue (la prédiction de hauteur). Plus cette distance est courte, plus le risque de collision est élevé.

Ainsi, la fonction de risque est exprimé avec la somme des deux termes comprenant des paramètres mentionnés ci-dessus. Le premier terme est le rapport entre la surface $\mathcal{S}$ et la distance $\mathcal{D}$ et le second terme est l'inverse de l'éloignement $\mathcal{R}$. Pour uniformiser (normaliser) cette fonction de risque, nous fixerons un coefficient de pondération (poids) α et pour donner plus d'importance (confiance) au second terme, ce coefficient sera très faible. L'équation

4.16 nous donne la fonction de risque.

$$\mathcal{FR}_{k,p}(\mathcal{S}, \mathcal{D}, \mathcal{R}) = \alpha * \frac{\mathcal{S}_{k,p}}{\mathcal{D}_{k,p}} + (1 - \alpha) * \frac{1}{\mathcal{R}_{k,p}} \tag{4.16}$$

où $\mathcal{FR}$ est la fonction de risque et α est le poids avec $\alpha \ll 1$.

4.6   Conclusion

Dans ce quatrième chapitre, nous avons abordé la notion d'environnement structuré (milieu urbain, autoroutes, carrefours, etc..) et non structuré (chantier de génie civil, entrepôt ou port) et nous avons présenté des projets tels que **Advisor**, **vizird** ou encore **support** liés à la notion de sécurité et de prédiction dans ces milieux. Nous avons présenté aussi différentes méthodes et contributions sur la notion de prédiction dans ces différents types d'environnement.

Cependant si,plusieurs travaux et contributions ont été faits dans des environnements structurés, très peu concernent les environnements non structurés. Nous avons proposé une première contribution qui consiste à mettre en évidence des situations critiques à partir d'une approche probabiliste en utilisant une grille d'occupation dynamique de la zone surveillée. La notion de grille d'occupation (ou carte d'occupation) a été introduite pour la première fois par [Elfes 1989], et suppose le découpage de l'environnement en cellules qui seront affectées d'une probabilité d'être libre, occupée ou inconnue.

Ensuite, dans une deuxième contribution, la prédiction de collision a été effectuée par l'utilisation d'une approche géométrique qui consiste à exploiter des intersections des ellipses d'incertitudes pour justifier le risque de danger existant entre les objets impliqués dans la collision. Nous avons proposé une analyse de risque basée sur une fonction combinant trois paramètres : la surface de chevauchement, la distance par rapport à la trajectoire prédite et enfin l'éloignement par rapport à la position réelle du véhicule.

Dans le chapitre 5, nous présenterons les résultats et expérimentations de nos contributions, en s'appuyant sur des scénarios réels.

Résultats et expérimentations

En première section, nous allons introduire différents capteurs existants en matière de surveillance ou de détection. Nous allons ensuite décrire brièvement le capteur retenu, son modèle géométrique et son étalonnage. afin de transformer les points pixelliques de l'image en points réels (3D). Nous présenterons ensuite des résultats expérimentaux, avec plusieurs scénarios, de nos contributions pour mettre en évidence les méthodes de prédiction de collision.

5.1 Présentation des systèmes de surveillance à large vue

L'objectif de notre étude est de proposer un dispositif d'acquisition du mouvement des objets (véhicules, engins de chantiers, etc...) présents dans des zones réputées à risques. Les objets ne pouvant être équipés de dispositifs de détection, celle-ci est opérée à partir d'un système fixe à large champ de vue qui réalise la chaîne complète de détection et de prédiction des trajectoires de chaque objet.

L'intérêt des caméras par rapport aux autres capteurs est la capacité de percevoir dans un large champ l'environnement et ceci à une fréquence élevée. La perception est dans ce cas proche de la perception humaine et engendre un flux de données à traiter important.

Cependant, les caméras classiques, disponibles pour le grand public, ont un champ de vue limité, restreint par la taille de la matrice des cellules photosensibles chargée de récupérer la lumière et l'otique de la caméra [Ghorayeb 2010a]. Dans des applications telles que la robotique et la télésurveillance, il est particulièrement important et nécessaire de pouvoir observer la zone d'intérêt dans toutes les directions et donc d'élargir le champ de vision.

Dans le but d'obtenir des images couvrant un large champ de vue de la scène de surveillance et d'augmenter le champ de vue, des systèmes de vision omnidirectionnelle ont été proposé. Ils permettent de fournir une sphère de vue du monde observé ou un champ de vue couvrant les 360° par rapport à l'axe vertical [Mouaddib 2005].

Plusieurs méthodes et techniques sont employées (des structures de caméras (caméras multiples, systèmes rotatifs), des combinaisons de lentilles et miroirs (capteur catadioptrique) et des optiques spéciales (lentille fish-eye)) et nous allons en présenter quelques une dans ce qui suit.

5.1.1 Système d'acquisition de plusieurs images avec plusieurs caméras perspectives

Ce système (fig. 5.1 a)), constitué de plusieurs caméras perspectives, est basé sur l'association de plusieurs images prises par les caméras dont chacune couvre un champ limité. L'assemblage (mosaïque) d'images est nécessaire pour obtenir une image omnidirectionnelle et cette génération du résultat souhaité nécessite une phase de traitement des images fournies par les différentes caméras. Par ailleurs, une réalisation technique soignée avec un bon alignement des centres optiques des caméras est nécessaire pour simplifier la modélisation géométrique.

Cependant ce système présente des inconvénients majeurs telles qu'une importante flux de données à traiter, une difficulté de synchronisation de caméras ainsi qu'une calibration délicate du système tout entier. De plus, les angles morts, zones de l'environnement qui ne sont pas acquises par le capteur, provoquent une perte d'information sur le résultat final.

5.1.2 Capteur catadioptrique

Le capteur catadioptrique (catoptrique pour la réflexion du miroir et dioptre pour la réfraction des lentilles), consiste en l'association d'une caméra perspec-

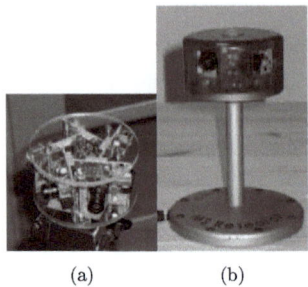

(a)   (b)

FIGURE 5.1: RingCam : Système de caméra omnidirectionnelle bon marché et réseau de microphones conçu pour les réunions. Source [Cutler 2002]

tive avec un ou plusieurs miroirs de révolution (fig 5.2). Les rayons lumineux provenant de toutes les directions seront réfléchis sur le miroir ensuite projetés sur le capteur. Ainsi, nous obtenons une image omnidirectionnelle de l'environnement.

Grâce à une acquisition instantanée de l'environnement, ces capteurs omnidirectionnels sont destinés aux applications fonctionnant dans des environnements dynamiques.Pour en savoir davantage sur les aspects théoriques et pratiques des caméras catadioptriques, nous pouvons nous référer à l'état de l'art publié par [Mouaddib 2005], dans son article présentant une introduction à la vision panoramique catadioptrique.

La formation d'une image d'un capteur catadioptrique central s'appuie sur la théorie du point de vue unique (Single View-Point) qui est le centre de projection unique. Dans [Baker 1998], les auteurs ont formalisé dans cet article, les règles vérifiant la contrainte de point de vue unique. Les capteurs utilisant les miroirs hyperboloïde, paraboloïde, ellipsoïde ou plan sont considérés des capteurs catadioptriques satisfaisant la contrainte de point de vue unique.

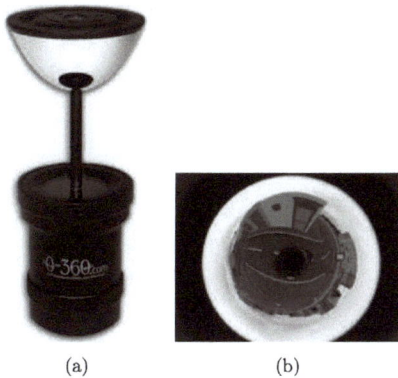

(a)   (b)

FIGURE 5.2: a) Capteur catadioptrique utilisant un miroir de type parabolique et b) une image omnidirectionnelle.

Cependant le principal inconvénient, en plus des distorsions de l'image, est l'absence d'information au centre de l'image à cause de la présence du miroir.

5.1.3 Caméras grand angle

Un objectif grand angle possède une lentille de courte focale qui permet de couvrir un grand angle de champ. La lentille fish-eye (oeil de poisson) fait partie de cette famille possédant une distance focale très courte. Elle a été créée afin de s'adapter directement à l'objectif d'un appareil photo de façon à donner un champ de vue hémisphérique comme le montre l'image présentée sur la figure 5.3. Ce type de lentille permet d'avoir un angle d'ouverture allant jusqu'à $180°$.

Un des inconvénients majeurs des caméras catadioptriques consiste la présence du miroir. Ce qui rend le capteur encombrant et l'information au centre de l'image est manquante et inexploitable. L'utilisation d'une caméra fish-eye (association d'une caméra perspective et d'un objectif fish-eye) permet d'apporter une solution à ce problème. Cependant, les images obtenues avec les caméras fish-eye ou avec les caméras catadioptriques sont déformées par rapport à la réalité et de ce fait l'analyse de ces images est plus difficile qu'avec une caméra perspective munie d'un objectif classique, notamment pour la détection de droites.

Parmi les travaux de recherche qui ont exploité la caméra fish-eye dans le cadre de la robotique, nous pouvons citer à titre d'exemple [Courbon 2012]. Courbon et Al. ont démontré dans cet article que le modèle de projection unifié proposé pour les caméras catadioptriques centraux est également valable pour les caméras fish-eye dans le cadre d'applications robotiques.

(a)   (b)

FIGURE 5.3: caméra fish-eye et image fish-eye

5.2   Étalonnage du capteur visuel

Dans nos travaux, nous utilisons un objectif fish-eye, Dans [Ying 2004] , Ying et Hu montrent qu'il est possible d'utiliser la sphère unitaire (voir figure 5.4) pour modéliser ce type de capteur, et par conséquent de modéliser l'acquisition des informations à partir d'une double projection via une sphère unité.

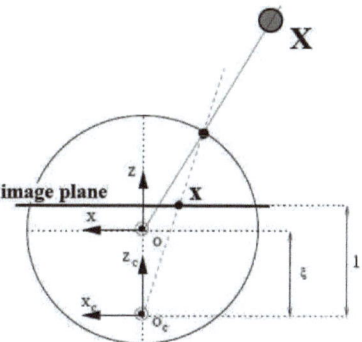

FIGURE 5.4: Modèle sphérique de projection centrale unifiée

5.2.1   Étalonnage intrinsèque et extrinsèque

Nous avons utilisé la toolbox HYSCAS développé par [Caron 2011] pour étalonner le capteur. Les différentes poses de la caméra fisheye (voir figure 5.5 a et une vue 3D des poses figure 5.5 b) par rapport à une mire d'étalonnage seront utilisées pour estimer les paramètres intrinsèques α_u, α_v (les facteurs d'échelle de la caméra), u_0, v_0 (le centre de l'image) et la distorsion ξ.

5.2.2   Projection des points images sur le sol

Afin d'estimer les points réels (coordonnées 3D) à partir des points 2D de coordonnées (u, v) se situant dans le plan image normalisé (cf figure 5.6), nous avons fait l'hypothèse que la caméra est fixe et que l'environnement est plan (donc modélisable à un plan). De même, nous supposerons la transformation 3D rigide entre le repère de la caméra et ce plan. Cette transformation est estimée après l'étalonnage intrinsèque. pour cela, nous positionnons une mire au sol, nous prenons une image de cette mire, puis estimons la transformation extrinsèque (R_w, T_w)

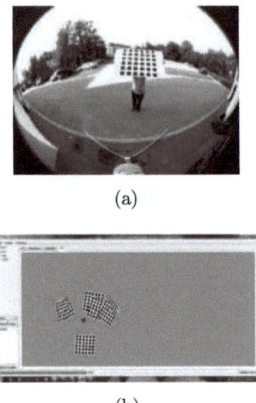

(a)

(b)

FIGURE 5.5: Screenshot du logiciel de calibration Hyscas disponible sur www.hyscas.com

La méthode utilisée pour estimer les points réels, consiste à rechercher l'intersection entre la demi droite Δ (passant par le centre optique O de la caméra $(0,0,0)^t$ et le point $\mathcal{X}_s(x_s, y_s, z_s)^T$) et le plan $\mathcal{P}_c$ dans l'espace de la caméra. Afin de déterminer l'équation du plan $\mathcal{P}_c$, nous avons choisi trois (3) points formant le plan $\mathcal{P}_w$ de référence monde (3D) que nous projetons dans le repère de la caméra en utilisant les paramètres de transformation (R_w, T_w) du repère monde au repère de la caméra.

Le passage des coordonnées pixelliques (u, v) aux coordonnées normalisées (x, y) se fait avec les formules suivantes :

$$
\begin{bmatrix} x \\ y \\ 1 \end{bmatrix} = K^{-1} \begin{bmatrix} u \\ v \\ 1 \end{bmatrix}
$$

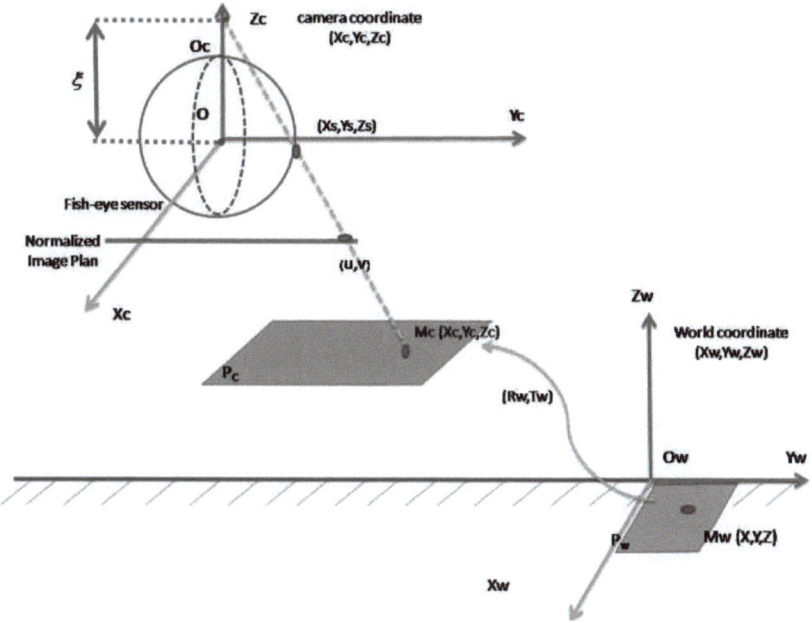

FIGURE 5.6: Transformation d'un point 2D en un point 3D

$$avec\ K = \begin{pmatrix} \alpha_u & 0 & u_0 \\ 0 & \alpha_v & v_0 \\ 0 & 0 & 1 \end{pmatrix}$$

La projection du point (x, y) sur la sphère $X_s = (x_s, y_s, z_s)$ s'obtient avec les formules suivantes :

$$\mathcal{X}_s = \begin{cases} x_s = \frac{\xi + \sqrt{1 + (1 - xi^2) * (x^2 + y^2)}}{x^2 + y^2 + 1} x \\ y_s = \frac{\xi + \sqrt{1 + (1 - xi^2) * (x^2 + y^2)}}{x^2 + y^2 + 1} y \\ z_s = \frac{\xi + \sqrt{1 + (1 - xi^2) * (x^2 + y^2)}}{x^2 + y^2 + 1} - \xi \end{cases}$$

Nous calculons le point d'intersection $M_c\ (X_c, Y_c, Z_c)$ de la demi-droite Δ avec le plan $\mathcal{P}_c$ dans le repère de la caméra.

Finalement, nous projetons ce point M_c (X_c, Y_c, Z_c) dans le repère monde et nous obtenons les coordonnées réelles du point M en utilisant la formule suivante :

$$
\begin{bmatrix} X \\ Y \\ Z \\ 1 \end{bmatrix} = (R_w, T_w)^{-1} \begin{bmatrix} X_c \\ Y_c \\ Z_c \\ 1 \end{bmatrix}
$$

5.3   Scénarios d'expérimentation et résultats expérimentaux

Dans cette section, nous présenterons les résultats expérimentaux du système complet de nos contributions. De l'acquisition de l'image à la prédiction de collision, nous illustrerons la faisabilité de l'application dans des scénarios réels, afin de valider notre méthode de prédiction. Nous avons travaillé sur des images réelles prises avec une caméra fish-eye. La résolution de l'image est de 1280*1024 pixels avec un fréquence de 15 images/sec pour le premier scénario et de 10 images/s pour les deux scénarios suivants. Nous avons implémenté l'ensemble de l'algorithme (détection, suivi, prédiction avec le filtre de Kalman linéaire et la grille d'occupation) en langage matlab.

Les scénarios consistent à simuler une collision entre deux véhicules (frontale, latérale). Les piétons s'intègrent dans notre cadre expérimental de recherche, mais ne seront pas étudiés explicitement dans notre analyse. Par la même occasion, nous ne distinguerons pas les véhicules légers des poids lourds car les mouvements ou la vitesse de déplacements sont toujours limités pour tous les types de véhicules évoluant dans les milieux qui nous intéressent. L'objet principal de cette étude portera seulement sur les objets en déplacement tels que tracteur portuaire, chariots élévateurs de containers ou RTG (Rubben Tyre Gantry). Par contre, nous ferons la différence entre un véhicule à l'arrêt momentanément selon le trafic, par exemple laissant passer un autre véhicule, et un véhicule garé pour un temps plus conséquent qui sera intégré à la modélisation de l'arrière-plan.

5.3.1   Scénarios d'expérimentation

L'objectif du premier scénario (figure 5.7 a) est de montrer l'intérêt de notre approche dans le cas où deux véhicules empruntent la même voie, ce qui est souvent le cas dans un milieu non structuré comme un port du fait des charges transportées par les engins. Nous pouvons détecter et mesurer la dangerosité d'une telle collision si les véhicules gardent constantes leurs vitesses de déplacement. Pour le second scénario (figure 5.7 b), l'objectif est de se placer dans la configuration d'une collision latérale. Ce type d'accident est très fréquent dans ce milieu à cause du manque de visibilité dû à l'empilement des containers qui peuvent atteindre des hauteurs de 10 à 15 m.

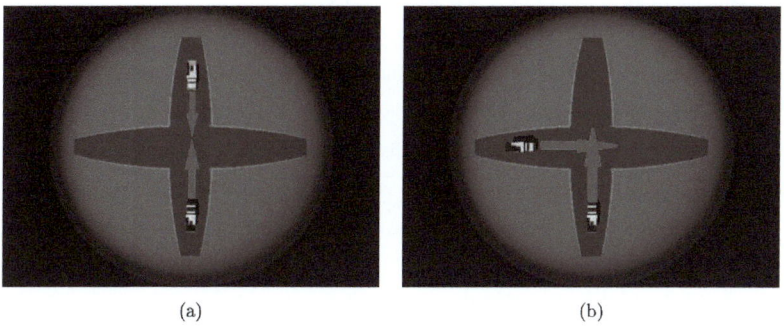

(a)   (b)

FIGURE 5.7: Scénarios de collision : images développées avec Povray

Par ailleurs, dans notre problématique de thèse, nous n'avons aucune connaissance des intentions des conducteurs des véhicules ni de leurs motivations car le capteur visuel ne permet pas de considérer cette information.

Par conséquent, nous ne tiendrons pas en compte de cette hypothèse pour définir les risques de collisions étudiés dans notre système.

5.3.2 Résultats expérimentaux sur la grille d'occupation

5.3.2.1 Collision frontale

Dans les figures 5.8 et 5.9 (la colonne de gauche), nous avons représenté les images images originales de ce scénario. Nous avons détecté les objets entrant dans la scène avec la méthode de [Elgammal 2002] vue dans le chapitre 2, puis nous avons calculé le centre de gravité de chaque véhicule impliqué dans la collision. La deuxième colonne présente les zones d'incertitudes associées à chaque prédiction avec le filtre de Kalman. Ainsi, nous pouvons constater que la taille de l'ellipse d'incertitude croit avec le temps. Ici nous avons considéré trois secondes pour le temps de prédiction (ce qui fait environ 45 images). Enfin, dans la dernière colonne, nous montrons les résultats de la prédiction sur les images réelles de ces trois scénarios.

Dans cette figure 5.8 c), nous pouvons remarquer qu'aucune collision n'est détectée donc toutes les cellules de la carte d'occupation ont la valeur $P_{coll} = 0$ (en haut) car les véhicules sont suffisamment distants. Ensuite, dans la figure 5.8 f), nous avons une détection de collision d'une probabilité $P_{coll} = 0.6$ et la dernière figure (5.8 i), montre une forte probabilité de collision ($P_{coll} = 0.9$).

5.3.2.2 Collision latérale

La figure 5.9 montre les résultats de la prédiction sur les images réelles du second scénario. Dans cette figure en troisième colonne, nous avons représenté la grille d'occupation avec les deux véhicules. La taille des cellules est de 5*5 cm^2. Nous pouvons remarquer qu'aucune collision n'est détectée donc toutes les cellules de la grille d'occupation ont la valeur $P_{coll} = 0$ (figure 5.9 c), dans la figure 5.9 f, nous avons une détection de collision d'une probabilité

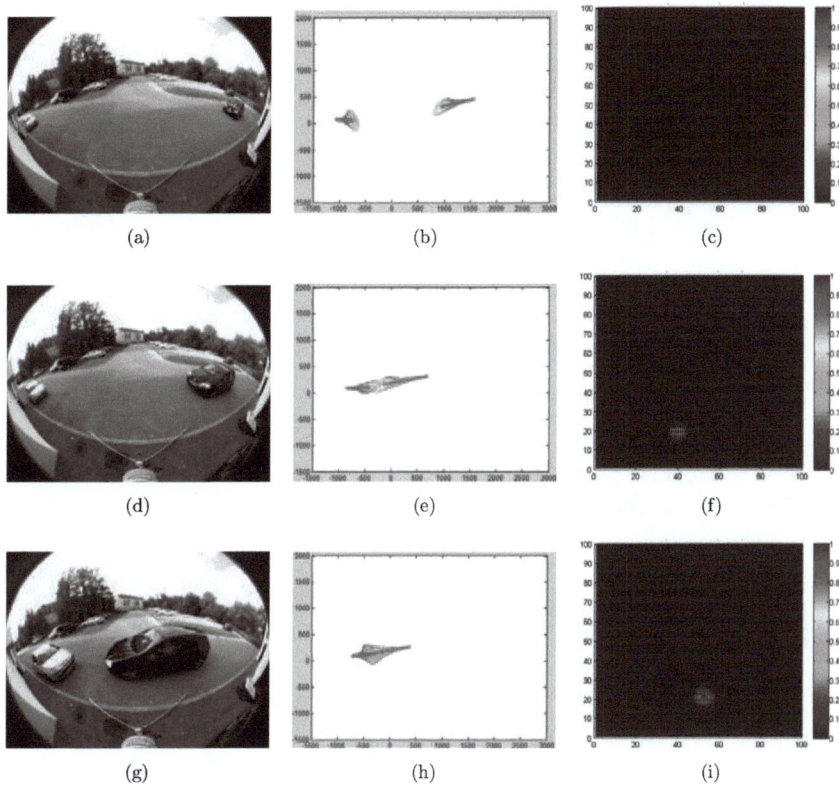

FIGURE 5.8: Risque de collision frontale entre deux véhicules. Première colonne : image originale, deuxième colonne : ellipses d'incertitudes représentant les zones de prédiction de deux véhicules et troisième colonne : carte d'occupation dynamique

$P_{coll} = 0.3$ et la dernière figure 5.9 i, montre une forte probabilité de collision ($P_{coll} = 0.65$).

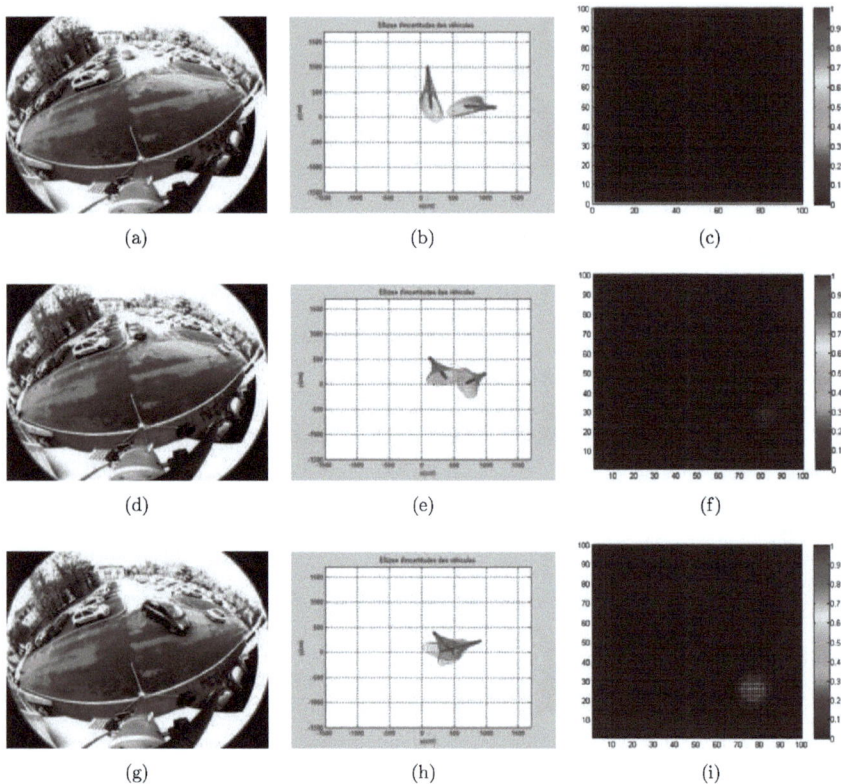

FIGURE 5.9: Risque de collision latérale entre deux véhicules. Première colonne : image originale, deuxième colonne : ellipses d'incertitudes représentant les zones de prédiction de deux véhicules et troisième colonne : carte d'occupation dynamique

5.3.3   Résultats expérimentaux avec l'approche géométrique

De la même façon qu'au paragraphe 5.3.2, nous présenterons dans cette section, les résultats expérimentaux afin de tester le système en situation réelle. Dans le but de valider notre méthode de prédiction et montrer sa faisabilité et son adéquation aux objectifs fixés, nous évaluerons la méthode proposée sur différents aspects. Nous estimerons les indicateurs de risques à travers deux figures Aussi, nous utiliserons les deux scénarios à savoir la collision latérale et la collision frontale.

Nous avons utilisé les algorithmes de calculs d'intersection entre deux ellipses, développés par Gary B. Hughes et M. Chraibi [Hughes 2012] et qui sont implémentés en C++.

5.3.3.1   Collision frontale

Comme évoqué plus haut, cette configuration d'accident n'est pas chose rare au sein d'un port. Dans la figure 5.10, nous reprenons les images originales et les figures illustrant les prédictions estimées avec le filtre de Kalman. Dans cette séquence vidéo, nous avons une fréquence de rafraichissement de 10 images par seconde, ainsi pour une prédiction de trois secondes, nous avons une prédiction sur 30 pas.

Par souci de clarté, nous avons représenté dans les figures 5.11 et 5.12, le paramètre $\mathcal{FR}$ qui exprime, le risque d'accident entre les deux véhicules. Dans les deux scénarios, le coefficient de pondération α qui permet de normaliser la somme des paramètres (éq. 4.16) est fixé à 0,1. Cette valeur est choisie empiriquement.

Ainsi, dans la première figure 5.11, nous montrons l'évolution de ce paramètre pour illustrer tout au long de la séquence l'évaluation de ce paramètre.

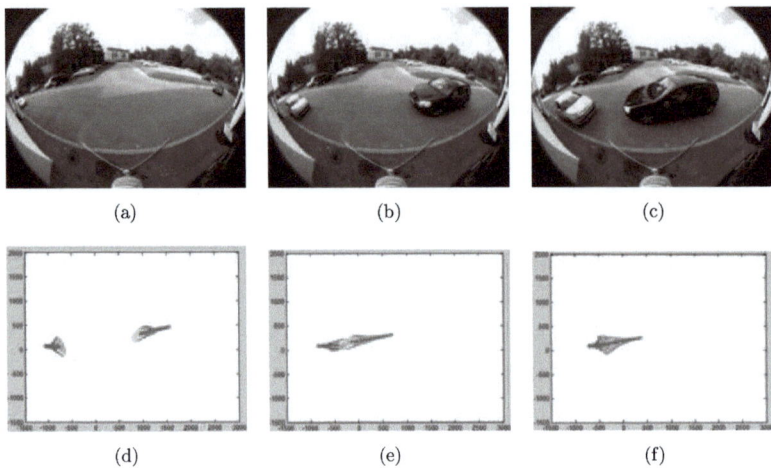

FIGURE 5.10: Scénario de collision frontale

Nous pouvons constater que la fonction de risque augmente avec le nombre de pas de prédiction au fur à mesure que les véhicules s'approchent l'un de l'autre et ceci se traduit aussi du fait que le nombre des ellipses qui se chevauchent augmente. Ce qui explique que le risque de collision est imminent et presque inévitable si bien entendu la vitesse de déplacement des véhicules est maintenue. Nous pouvons vérifier ce résultat sur la figure 5.11.

La figure 5.12, nous avons les résultats de traitements de 2 images significatives, au milieu de la séquence qui représente le cas critique où le risque de collision est élevé et en fin de séquence pour confirmer que le test de l'algorithme fonctionne correctement.

5.3.3.2   Collision latérale

Pour apprécier la fonction de risque de collision, nous allons reprendre de la même manière que le sous-paragraphe précédent (5.13), les images originales

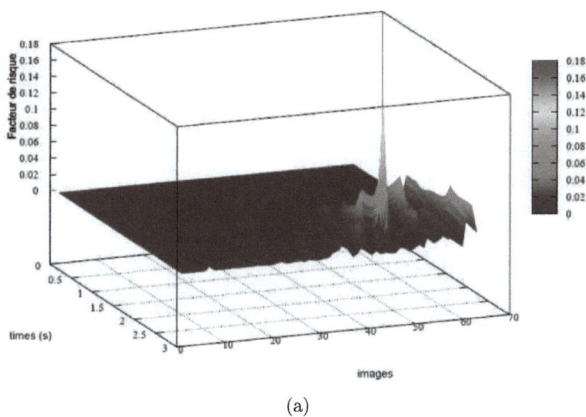

(a)

FIGURE 5.11: Représentation de la fonction du risque

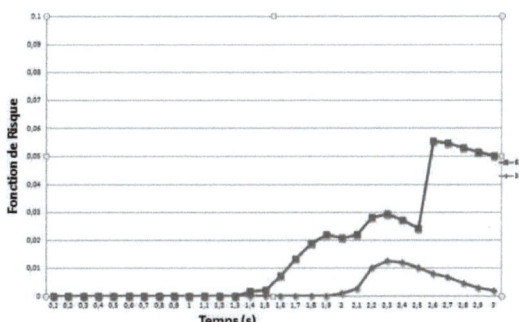

FIGURE 5.12: Représentation de la fonction du risque

et les résultats des prédictions estimées avec le filtre de Kalman. Le coefficient de pondération α sera toujours fixé à 0,1. Ici, nous avons une fréquence de rafraichissement de 15 images par seconde, donc pour une prédiction de trois secondes, nous avons une prédiction de 45 pas.

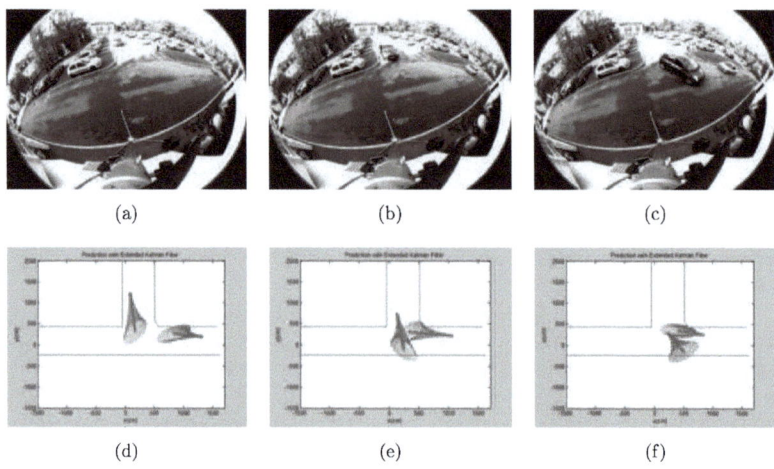

(a)   (b)   (c)

(d)   (e)   (f)

FIGURE 5.13: Scénario de collision latérale

De la même manière que le scénario de collision frontale, la première figure 5.14 donne l'évolution du risque à travers le paramètre $\mathcal{FR}$.

Nous pouvons constater sur cette figure que la fonction de risque est élevée au milieu de la séquence (image numéro 22) et ne dépasse pas de 2 seconde (qui signifie que le risque d'accident est extrêmement élevé). Ensuite, l'un de deux véhicules freine pour laisser passer l'autre véhicule, ce qui explique que la fonction risque est presque nulle jusqu'à la fin de la séquence où les deux véhicules sont proches l'un de l'autre.

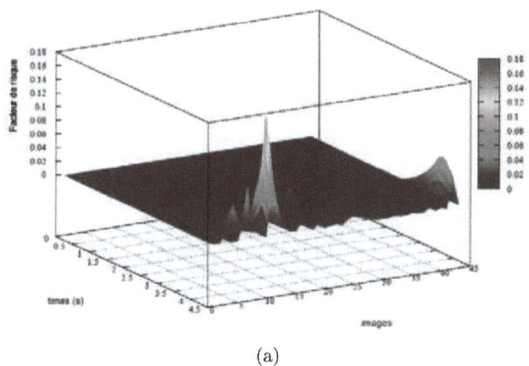

(a)

FIGURE 5.14: Graphique représentant la fonction de risque

Dans la figure 5.15, nous avons représenté deux courbes de fonction de risque sur les deux images (numéro 22 : milieu de la séquence et numéro 42 : fin de la séquence vidéo). Nous remarquons que la courbe (avec triangle) indique le danger (2,1 secondes) plutôt que la deuxième courbe (étoilée).

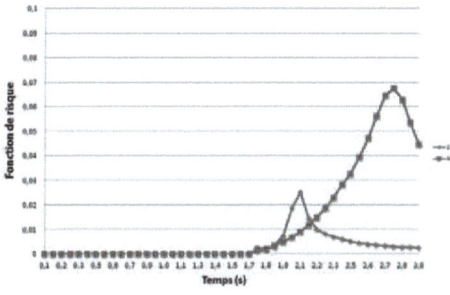

FIGURE 5.15: Courbes représentant les images n°22 et n°42

CHAPITRE 6

Conclusions et Perspectives

Sommaire

6.1   Conclusion

Dans ces travaux, nous avons proposé une méthode de prédiction des collisions pour améliorer la sécurité dans les environnements non structurés, tels
que les ports ou les chantiers de génie civil. Ce dispositif est composé de différents modules (détection, suivi et prédiction), il permet d'estimer et de prédire
le risque de collision de manière robuste. Le système a été testé avec des images
réelles prises dans le parking du laboratoire. L'utilité de notre application tient
au fait d'éviter d'équiper tous les engins évoluant dans un milieu tel que le
port en optant pour l'utilisation d'une caméra fixe avec un champ de vue large.

Au premier chapitre, nous avons présenté différentes techniques de détection d'objets et de modélisation d'arrière-plan pour faire la surveillance des
lieux. Nous avons choisi, une méthode statistique et robuste aux changements
dynamiques de la scène. Cette technique présente plusieurs avantages pour la
précision de la détection de l'objet en mouvement. Les résultats obtenus sont
satisfaisants.

Cependant, nous avons constaté des inconvénients majeurs liés aux changements dynamiques tels que l'éclairage et aux différents bruits liés au mouvement de la caméra (rafales de vent). Par ailleurs, un des grands problèmes
rencontré est l'apparition d'ombre lié aux luminosités environnantes (notamment au soleil). Nous avons pu mettre en avant des éléments d'amélioration.
Dans la partie de détection des véhicules en mouvement, nous proposons de
considérer non pas le centre de gravité de véhicule mais l'ensemble des véhicules en utilisant des méthodes permettant de prendre en compte la forme des
objets.

Dans le second chapitre, après avoir exposé différentes techniques de suivi
d'un objet en mouvement, les primitives et techniques de filtrages qui sont
essentielles pour traiter les problèmes de suivi sont aussi exposées, et nous

avons détaillé un filtre à particules (le filtre de Kalman) qui nous a permis d'estimer le mouvement des véhicules. Enfin, nous avons développé un algorithme simple qui consiste à associer à chaque objet, son correspondant dans les images suivantes. Bien que les résultats obtenus soient convenables, il est nécessaire d'améliorer en proposant des méthodes tenant compte des particularités des environnements non structurés.

Enfin dans le troisième chapitre, nous avons présenté deux méthodes de prédiction. Le but de notre système de prédiction de collision est de permettre à un véhicule de repérer la présence d'un obstacle mobile dans son champ de vision (sens de déplacement), de calculer une probabilité de collision et de mettre en place un système d'anti-collision. Même si ce système n'est pas entièrement finalisé, nos contributions permettent d'en montrer la faisabilité et la pertinence du capteur visuel.

– Dans une première contribution, nous avons estimé et quantifié le risque de collision à travers une carte d'occupation de l'environnement des véhicules. Le risque de collisions entre les véhicules a été défini grâce aux calculs de probabilités d'occupation des cellules, néanmoins, ceci pourrait être amélioré en introduisant en plus de cette probabilité, le temps d'occupation des véhicules pour chaque cellule. Cela nous permettra aussi d'avoir une carte de fréquence d'occupation en fonction du temps.

– Dans une deuxième contribution, nous avons développé une approche géométrique pour estimer le risque de collision. Cette approche a consisté à calculer analytiquement l'intersection entre les ellipses d'incertitude des véhicules impliqués dans l'accident. Ainsi, nous avons mis en place une fonction de risque qui combine plusieurs indicateurs pour estimer le risque de collision entre les véhicules.

6.2   Perspectives

Nous proposons de poursuivre les travaux réalisés ici par des expérimentations en situation réelle permettant de mesurer sur des durées significatives l'efficacité du système. Les tests expérimentaux ont été réalisés pour la plupart, dans un parking et différents scénarios types ont été établies pour mettre en évidence la chaîne complète, le traitement allant de la détection des véhicules en mouvement, au calcul des vitesses de déplacements et aboutir à une prédiction sur plusieurs secondes de leur trajectoires respectives. Le dispositif trouve tout son intérêt dans la possibilité de mettre en évidence les situations potentiellement dangereuse et d'avertir les conducteurs de ce danger imminent. Il est donc souhaitable de positionner notre système sur des emplacements à risques, et notamment sur les ports, afin de réaliser un "benchmark" du dispositif.

L'un des points critiques du système proposé est la pertinence de son positionnement qui devra permettre de limiter au maximum les zones masquées par les infrastructures existantes. Aussi, nous proposons d'étendre cette étude à l'utilisation d'un système multi-caméras pouvant notamment utiliser le recouvrement des zones afin d'intégrer le risque d'occultation liés à l'utilisation des véhicules de grandes tailles [Strigel 2013].

Le dernier point concerne l'utilisation de capteurs complémentaires. Parmi les difficultés rencontrées dans la conception de ce système de prédiction, certaines ont été liées à la qualité des données disponibles après la détection des objets en mouvement. L'utilisation d'un seul capteur visuel pour observer la zone de surveillance s'avère insuffisante. Il sera donc nécessaire d'augmenter la capacité de détection de notre dispositif. Dans cette optique, nous pouvons évaluer d'autres capteurs, notamment des lidars, qui seront couplés avec le capteur fish-eye. Les progrès de la technologie lidar, en particulier les capteurs à 360 degrés, créent de nouvelles opportunités pour augmenter et améliorer les systèmes de surveillance traditionnels [Shackleton 2010]. Cela pourrait en particulier permettre d'obtenir de meilleurs résultats et donc être capables de détecter plus efficacement des risques d'accident aussi bien dans la journée que durant la nuit où la visibilité avec les caméras n'est pas bonne. Une belle perspective de recherche consistera à fusionner les données issues du capteur LIDAR avec la caméra.

Annexe

A.1 Statistiques des accidents au sein du port de Djibouti

Statistiques des accidents au port de Djibouti durant l'année 2012

1= Engins internes entre eux; 2= Engins internes/Externes; 3= Engins externes entre eux;

4= Engins Internes avec Obstacle fixe; 5= Engins Externes avec Obstacle fixe; 6= Autres types d'accidents

N°	Date	Lieu	Description	Equipement	Type
1	14/01/2012	Bloc 03 B 23	Collision entre RTG / TT	RTG/TT	1
2	17/01/2012	01F 95	Le remorque Nattelé au TT a heurté la pick up rouge du.	TT/ PU	1
3	17/01/2012	02F95F1	a touché avec son ail droit le conteneur N°PCIU 381853/6	TT	4
4	25/01/2012	STATION GAZ OIL	A heurté un remorquer	TC 66	4
5	08/02/2012	O3F	Collision entre deux engins	TT/TT	1
6	17/02/2012	03C et 03B	A touché avec le support du rétroviseur du TT l'escalier du RTG	TT/ RTG	1
7	24/02/2012	au quai 1	Collision entre deux engins	TT/TT	1
8	25/02/2012	Parc 03G 89	A enfoncez le grillage avec son remorque	TT	4
9	27/02/2012	02B 95A1	Débutant de formation a légèrement touché un conteneur	TT/TC	4
10	13/03/2012	02D62	Un camion Ethiopien en stationnement et TT, se sont rentrés en Collision.	TT	2 et 4
11	01/04/2012	04 E ZONE coté DCS	TT a légèrement touché le support du pneu droit du RS afin de se garer devant le RS	TT/RS	1
12	04/04/2012	03 A 55 F 1	TT a fait une manœuvre qui n'est pas faisable au norme de la circulation dans le Parc où il y a des conteneurs disposés	TT	4
13	19/04/2012	01F01	TT a heurté les blocs de conteneurs puis il ya eu un effondrement des ceux dernières	TT /CTN	4
14	18/05/2012	02A35	RTG a heurté TT avec une translation	RTG / TT	1
15	12/05/2012	01F93	heurt du garde-fou du poteau électrique LT5C	TT/TC	4
16	04/06/2012		RTG a heurté avec balancement du spreader la cabine du TT	RTG & TT	1
17	09/06/2012		TT a heurté les blocs de protection du scanner causeway	TT	4
18	06/05/2012	04G05A1	Heurt d'un conteur avec la remorque	TT/TC	4
19	09/06/2012	02C01 niveau STOP	TT venant du quai passait au niveau de 02C01 –prolongation lorsque TT sortant de 02C01 vint percuter son	TT / TT	1
20	29/06/2012	QUAI 2	TT effleurer au niveau de la portière le Pick Up rouge du Work Shop	TT/PU w/s	1
21	06/07/2012	Quai 1	TT qui passait par une flaque d'eau n'a pu freiner d'après le chauffeur Mr Ali et heurta la remorque de TT	TT/TT	1
22	17/07/2012	BLOC 02 X et 03 X	Le TT a touché l'arrière de la voiture verte	TT /PU	1
23	17/07/2012	Yard04	TT attelé de la remorque TC En faisant un court virage dans le bloc que la remorque a heurté un conteneur de 40' pied plein (import)	TT/ TC	4
24	17/08/2012	RSM 151A1	TT a heurté avec l'aile droite de son tracteur un conteneur	TT/CTN	4
25	17/08/2012	Quai 2	ce dernier démarra avant même que le Spreader du PT ne se soit complètement soulevé	PT/TT	6
27	06/09/2012	01E38 F1	TT avait touché le conteneur avec l'avant droite du pare-choc	TT/CTN	4
28	07/09/2012	Bureau quai	Le conducteur du tracteur nommé X voulait dépasser puis se garer juste derrière le pickup, donc celui-ci se rapprocha trop près et heurta le pickup	TT/PU shift mgr	1

29	09/09/2012	entre 02D et 03D	Le camion STGR était stationné entre les deux blocs cité ci-dessus, et était incliné légèrement vers la gauche du coté 02 C, le TT attelé au remorque TC, passa à côté du camion ou la cabine était inclinée, la collision s'est produite à ce moment-là	TT/STGR	4
30	11/09/2012	02B	L'avant gauche de TT conduit par X a heurté l'aile gauche de la remorque TC de TT	TT/TT	1
31	14/09/2012	01E 85 F1	Ce dernier nous expliqua qu'il était en train de manœuvrer sous la houlette du Chef de Parc pour se garer sous le RTG, et tout en regardant vers le Chef de Parc il fut une fausse manœuvre qui fut qu'il heurta le conteneur	TT71	4
32	01/10/2012	03 A 83	Faisait une formation sur la remorque double attelée au TT	TT	4
33	08/11/2012	03J97	TT venant du quai et devant se rendre en 03H62 prit un large virage pour passer entre les blocs H et J, car se trouvait un camion ETH en bloc 03H92 mais malheureusement il entra dans RTG qui se trouvait en	TT/RTG	1
34	13/11/2012	02 A 35	au début de la reprise de travail, s'est-à-dire à 22h00, a sciemment garé par négligence le TT au abord du chemin de l'RTG	TT/RTG	1
35	30/11/2012	réservoirs des citernes	il le gara à proximité des réservoirs des citernes de gas-oil, et coupa le contact du moteur. Il descendit pour prendre le SHUTLLE crane-opérateur devant la Cantine voir le TT qui dégageait une grosse fumée	TT	6
36	07/12/2012	01B51	TT passa derrière ledit RS lorsque ce dernier sortit en arrière et toucha avec le garde - fou	TT/RS	1
37	17/12/2012	quai	il parait que roulant sur sa bonne trajectoire Directement vers sous le portique N : 2 et ensuite il parait que subitement a pris un virage courte et sous un glissage	TT	4
38	19/12/2012	quai	Le chauffeur sort de sa trajectoire paniquer et entre de plein fouet les gear boxes positionnés sous le portique	TT	4
39	20/12/2012	02 F	TT 73 venait de la zone 05, transportait deux CNTS Export Pleins. La cabine se trouvant à la fin du bloc 02 F, lorsque le camion Djiboutien sortant également du bloc 02 D, continua sa route sans tenir compte de l'engagement du TT	TT/dji truck	2
40	22/12/2012	Mosk	a dégagée une grosse fumée blanche	TT	6
41	23/12/2012	Quai2	TT a heurté le tracteur TT et qui était arrêté sur le tracé –ligne n°3 en Quai 02 au niveau du Bollard 22	TT/TT	1

A.2 Calcul des intersections des ellipses

1   Introduction

This article describes how to compute the points of intersection of two ellipses, a geometric query labeled *find intersections*. It also shows how to determine if two ellipses intersect without computing the points of intersection, a geometric query labeled *test intersection*. Specifically, the geometric queries for the ellipses E_0 and E_1 are:

- *Find Intersections*. If E_0 and E_1 intersect, find the points of intersection.

- *Test Intersection*. Determine if

  - E_0 and E_1 are separated (there exists a line for which the ellipses are on opposite sides),
  - E_0 properly contains E_1 or E_1 properly contains E_0, or
  - E_0 and E_1 intersect.

An implementation of the *find* query, in the event of no intersections, might not necessarily determine if one ellipse is contained in the other or if the two ellipses are separated. Let the ellipses E_i be defined by the quadratic equations

$$
\begin{aligned}
Q_i(\mathbf{X}) &= \mathbf{X}^\mathrm{T} A_i \mathbf{X} + \mathbf{B}_i^\mathrm{T} \mathbf{X} + C_i \\
&= \begin{bmatrix} x & y \end{bmatrix} \begin{bmatrix} a_{00}^{(i)} & a_{01}^{(i)} \\ a_{01}^{(i)} & a_{11}^{(i)} \end{bmatrix} \begin{bmatrix} x \\ y \end{bmatrix} + \begin{bmatrix} b_0^{(i)} & b_1^{(i)} \end{bmatrix} \begin{bmatrix} x \\ y \end{bmatrix} + c^{(i)} \\
&= 0
\end{aligned}
$$

for $i = 0, 1$. It is assumed that the A_i are positive definite. In this case, $Q_i(\mathbf{X}) < 0$ defines the inside of the ellipse and $Q_i(\mathbf{X}) > 0$ defines the outside.

2   Find Intersection

The two polynomials $f(x) = \alpha_0 + \alpha_1 x + \alpha_2 x^2$ and $g(x) = \beta_0 + \beta_1 x + \beta_2 x^2$ have a common root if and only if the Bézout determinant is zero,

$$
(\alpha_2 \beta_1 - \alpha_1 \beta_2)(\alpha_1 \beta_0 - \alpha_0 \beta_1) - (\alpha_2 \beta_0 - \alpha_0 \beta_2)^2 = 0.
$$

This is constructed by the combinations

$$
0 = \alpha_2 g(x) - \beta_2 f(x) = (\alpha_2 \beta_1 - \alpha_1 \beta_2)x + (\alpha_2 \beta_0 - \alpha_0 \beta_2)
$$

and

$$
0 = \beta_1 f(x) - \alpha_1 g(x) = (\alpha_2 \beta_1 - \alpha_1 \beta_2)x^2 + (\alpha_0 \beta_1 - \alpha_1 \beta_0),
$$

solving the first equation for x and substituting it into the second equation. When the Bézout determinant is zero, the common root of $f(x)$ and $g(x)$ is

$$
\bar{x} = \frac{\alpha_2 \beta_0 - \alpha_0 \beta_2}{\alpha_1 \beta_2 - \alpha_2 \beta_1}.
$$

The common root to $f(x) = 0$ and $g(x) = 0$ is obtained from the linear equation $\alpha_2 g(x) - \beta_2 f(x) = 0$ by solving for x.

The ellipse equations can be written as quadratics in x whose coefficients are polynomials in y,

$$Q_i(x, y) = \left(a_{11}^{(i)} y^2 + b_1^{(i)} y + c^{(i)}\right) + \left(2a_{01}^{(i)} y + b_0^{(i)}\right) x + \left(a_{00}^{(i)}\right) x^2.$$

Using the notation of the previous paragraph with f corresponding to Q_0 and g corresponding to Q_1,

$$\alpha_0 = a_{11}^{(0)} y^2 + b_1^{(0)} y + c^{(0)}, \quad \alpha_1 = 2a_{01}^{(0)} y + b_0^{(0)}, \quad \alpha_2 = a_{00}^{(0)},$$
$$\beta_0 = a_{11}^{(1)} y^2 + b_1^{(1)} y + c^{(1)}, \quad \beta_1 = 2a_{01}^{(1)} y + b_0^{(1)}, \quad \beta_2 = a_{00}^{(1)}.$$

The Bézout determinant is a quartic polynomial $R(y) = u_0 + u_1 y + u_2 y^2 + u_3 y^3 + u_4 y^4$ where

$$
\begin{aligned}
u_0 &= v_2 v_{10} - v_4^2 \\
u_1 &= v_0 v_{10} + v_2(v_7 + v_9) - 2v_3 v_4 \\
u_2 &= v_0(v_7 + v_9) + v_2(v_6 - v_8) - v_3^2 - 2v_1 v_4 \\
u_3 &= v_0(v_6 - v_8) + v_2 v_5 - 2v_1 v_3 \\
u_4 &= v_0 v_5 - v_1^2
\end{aligned}
$$

with

$$
\begin{aligned}
v_0 &= 2\left(a_{00}^{(0)} a_{01}^{(1)} - a_{00}^{(1)} a_{01}^{(0)}\right) \\
v_1 &= a_{00}^{(0)} a_{11}^{(1)} - a_{00}^{(1)} a_{11}^{(0)} \\
v_2 &= a_{00}^{(0)} b_0^{(1)} - a_{00}^{(1)} b_0^{(0)} \\
v_3 &= a_{00}^{(0)} b_1^{(1)} - a_{00}^{(1)} b_1^{(0)} \\
v_4 &= a_{00}^{(0)} c^{(1)} - a_{00}^{(1)} c^{(0)} \\
v_5 &= 2\left(a_{01}^{(0)} a_{11}^{(1)} - a_{01}^{(1)} a_{11}^{(0)}\right) \\
v_6 &= 2\left(a_{01}^{(0)} b_1^{(1)} - a_{01}^{(1)} b_1^{(0)}\right) \\
v_7 &= 2\left(a_{01}^{(0)} c^{(1)} - a_{01}^{(1)} c^{(0)}\right) \\
v_8 &= a_{11}^{(0)} b_0^{(1)} - a_{11}^{(1)} b_0^{(0)} \\
v_9 &= b_0^{(0)} b_1^{(1)} - b_0^{(1)} b_1^{(0)} \\
v_{10} &= b_0^{(0)} c^{(1)} - b_0^{(1)} c^{(0)}
\end{aligned}
$$

For each $\bar{y}$ solving $R(\bar{y}) = 0$, solve $Q_0(x, \bar{y}) = 0$ for up to two values $\bar{x}$. Keep only those $(\bar{x}, \bar{y})$ for which both $Q_0(\bar{x}, \bar{y}) = 0$ and $Q_1(\bar{x}, \bar{y}) = 0$.

3 Test Intersection

3.1 Variation 1

All level curves defined by $Q_0(x, y) = \lambda$ are ellipses, except for the minimum (negative) value λ for which the equation defines a single point, the center of every level curve ellipse. The ellipse defined by $Q_1(x, y) = 0$ is a curve that generally intersects many level curves of Q_0. The problem is to find the minimum level value λ_0 and maximum level value λ_1 attained by any (x, y) on the ellipse E_1. If $\lambda_1 < 0$, then E_1 is properly contained in E_0. If $\lambda_0 > 0$, then E_0 and E_1 are separated. Otherwise, $0 \in [\lambda_0, \lambda_1]$ and the two ellipses intersect.

This can be formulated as a constrained minimization that can be solved by the method of Lagrange multipliers: Minimize $Q_0(\mathbf{X})$ subject to the constraint $Q_1(\mathbf{X}) = 0$. Define $F(\mathbf{X}, t) = Q_0(\mathbf{X}) + tQ_1(\mathbf{X})$. Differentiating yields $\nabla F = \nabla Q_0 + t\nabla Q_1$ where the gradient indicates the derivatives in $\mathbf{X}$. Also, $\partial F / \partial t = Q_1$. Setting the t-derivative equal to zero reproduces the constraint $Q_1 =$. Setting the $\mathbf{X}$-derivative equal to zero yields $\nabla Q_0 + t\nabla Q_1 = \mathbf{0}$ for some t. Geometrically this means that the gradients are parallel.

Note that $\nabla Q_i = 2A_i\mathbf{X} + \mathbf{B}_i$, so

$$\mathbf{0} = \nabla Q_0 + t\nabla Q_1 = 2(A_0 + tA_1)\mathbf{X} + (\mathbf{B}_0 + t\mathbf{B}_1).$$

Formally solving for $\mathbf{X}$ yields

$$\mathbf{X} = -(A_0 + tA_1)^{-1}(\mathbf{B}_0 + t\mathbf{B}_1)/2 = \frac{1}{\delta(t)}\mathbf{Y}(t)$$

where $\delta(t)$ is the determinant of $(A_0 + tA_1)$, a quadratic polynomial in t, and $\mathbf{Y}(t)$ has components quadratic in t. Replacing this in $Q_1(\mathbf{X}) = 0$ yields

$$\mathbf{Y}(t)^{\mathrm{T}} A_1 \mathbf{Y}(t) + \delta(t)\mathbf{B}_1^{\mathrm{T}}\mathbf{Y}(t) + \delta(t)^2 C_1 = 0,$$

a quartic polynomial in t. The roots can be computed, the corresponding values of $\mathbf{X}$ computed, and $Q_0(\mathbf{X})$ evaluated. The minimum and maximum values are stored as λ_0 and λ_1, and the earlier comparisons with zero are applied.

This method leads to a quartic polynomial, just as the *find* query did. But this query does answer questions about the relative positions of the ellipses (separated or proper containment) when the *find* query indicates that there is no intersection.

3.2 Variation 2

An iterative method can be set up that attempts to find a separating line between the two ellipses. This does not directly handle proper containment of one ellipse by the other, but a similar algorithm can be derived for the containment case. Let the ellipses be in factored form, $(\mathbf{X} - \mathbf{C}_i)^{\mathrm{T}} M_i(\mathbf{X} - \mathbf{C}_i) = 1$ where M_i is positive definite and $\mathbf{C}_i$ is the center of the ellipse, $i = 0, 1$. A potential separating axis (not to be confused with a separating line that is perpendicular to a separating axis) is $\mathbf{C}_0 + t\mathbf{N}$ where $\mathbf{N}$ is a unit length vector. The t-interval of projection of E_0 onto the axis is $I_0(\mathbf{N}) = [-r_0, r_0]$ where $r_0 = \sqrt{\mathbf{N}^{\mathrm{T}} M_0^{-1}\mathbf{N}}$. The t-interval of projection of E_1 onto the axis is $I_1(\mathbf{N}) = [\mathbf{N} \cdot \mathbf{\Delta} - r_1, \mathbf{N} \cdot \mathbf{\Delta} + r_1]$ where $\mathbf{\Delta} = \mathbf{C}_1 - \mathbf{C}_0$ and $r_1 = \sqrt{\mathbf{N}^{\mathrm{T}} M_1^{-1}\mathbf{N}}$.

Publications

Ce travail de thèse a donné lieu aux publications suivantes :

1. Ibrahim ABDI HADI, El-Mustapha Mouaddib et Claude Pégard. « Prédiction Des Collisions En Environnement Non Structuré.». Communications orales. 8 èmes Journées d'Optique et de Traitement de l'Information (JOTIM'2013). 9-10 Avril 2013. Meknès, Maroc.

2. Ibrahim ABDI HADI, Claude Pegard and El-Mustpha Mouaddib. Collision Prediction between vehicles in an Unstructured Environment. 14th international Conference on Sciences and Techniques of Automatic control & computer engineering STA'2013. December 20 - 22, 2013, Sousse, Tunisia.

Bibliographie

[Archer 2004] Jeffery Archer. *Methods for the assessment and prediction of traffic safety at urban intersections and their application in micro-simulation modelling.* Academic thesis, Royal Institute of Technology, Stockholm, Sweden, 2004. (Cité en page 66.)

[Atev 2005] Stefan Atev, Osama Masoud, Ravi Janardan et Nikolaos Papani-kolopoulos. *A collision prediction system for traffic intersections.* In Intelligent Robots and Systems, 2005.(IROS 2005). 2005 IEEE/RSJ International Conference on, pages 169–174. IEEE, 2005. (Cité en page 55.)

[Baker 1998] Simon Baker et Shree K Nayar. *A theory of catadioptric image formation.* In Computer Vision, 1998. Sixth International Conference on, pages 35–42. IEEE, 1998. (Cité en page 78.)

[Baker 1999] Simon Baker et Shree K Nayar. *A theory of single-viewpoint ca-tadioptric image formation.* International Journal of Computer Vision, vol. 35, no. 2, pages 175–196, 1999. (Non cité.)

[Bar-Shalom 1988] Y Bar-Shalom et TE Fortmann. *Tracking and data asso-ciation, 1988.* Tracking and Data Association, 1988. (Cité en page 40.)

[Benezeth 2010] Yannick Benezeth, Pierre-Marc Jodoin, Bruno Emile, Hélène Laurent et Christophe Rosenberger. *Comparative study of background subtraction algorithms.* Journal of Electronic Imaging, vol. 19, no. 3, pages 033003–033003, 2010. (Cité en page 19.)

[Birchfield 1998] Stan Birchfield. *Elliptical head tracking using intensity gra-dients and color histograms.* In Computer Vision and Pattern Recogni-tion, 1998. Proceedings. 1998 IEEE Computer Society Conference on, pages 232–237. IEEE, 1998. (Cité en page 36.)

[Borges 2013] Paulo Vinicius Koerich Borges, Robert Zlot et Ashley Tews. *Integrating Off-Board Cameras and Vehicle On-Board Localization for Pedestrian Safety*. 2013. (Cité en page 59.)

[Bouwmans 2008] Thierry Bouwmans, Fida El Baf, Bertrand Vachon *et al*. *Background modeling using mixture of gaussians for foreground detection-a survey*. Recent Patents on Computer Science, vol. 1, no. 3, pages 219–237, 2008. (Cité en page 17.)

[Bouwmans 2011] Thierry Bouwmans. *Recent Advanced Statistical Background Modeling for Foreground Detection-A Systematic Survey*. 2011. (Cité en pages 15 et 17.)

[Brulin 2010] M Brulin, H Nicolas et C Maillet. *Video surveillance traffic analysis using scene geometry*. In Image and Video Technology (PSIVT), 2010 Fourth Pacific-Rim Symposium on, pages 450–455. IEEE, 2010. (Cité en page 58.)

[Caron 2011] Guillaume Caron et Damien Eynard. *Multiple camera types simultaneous stereo calibration*. In Robotics and Automation (ICRA), 2011 IEEE International Conference on, pages 2933–2938. IEEE, 2011. (Cité en page 81.)

[Chang 1991] Y-L Chang et JK Aggarwal. *3d structure reconstruction from an ego motion sequence using statistical estimation and detection theory*. In Visual Motion, 1991., Proceedings of the IEEE Workshop on, pages 268–273. IEEE, 1991. (Cité en page 40.)

[Chen 2010] Chun-Ting Chen, Chung-Yen Su et Wen-Chung Kao. *An enhanced segmentation on vision-based shadow removal for vehicle detection*. In Green Circuits and Systems (ICGCS), 2010 International Conference on, pages 679–682. IEEE, 2010. (Cité en page 25.)

[Cheng 1995] Yizong Cheng. *Mean shift, mode seeking, and clustering*. Pattern Analysis and Machine Intelligence, IEEE Transactions on, vol. 17, no. 8, pages 790–799, 1995. (Cité en page 39.)

[Comaniciu 1999] Dorin Comaniciu et Peter Meer. *Mean shift analysis and applications*. In Computer Vision, 1999. The Proceedings of the Seventh IEEE International Conference on, volume 2, pages 1197–1203. IEEE, 1999. (Cité en page 39.)

[Comaniciu 2000] Dorin Comaniciu, Visvanathan Ramesh et Peter Meer. *Real-time tracking of non-rigid objects using mean shift*. In Computer Vision and Pattern Recognition, 2000. Proceedings. IEEE Conference on, volume 2, pages 142–149. IEEE, 2000. (Cité en page 39.)

[Comaniciu 2002] Dorin Comaniciu et Peter Meer. *Mean shift : A robust approach toward feature space analysis*. Pattern Analysis and Machine Intelligence, IEEE Transactions on, vol. 24, no. 5, pages 603–619, 2002. (Cité en page 39.)

[Comaniciu 2003] Dorin Comaniciu, Visvanathan Ramesh et Peter Meer. *Kernel-based object tracking*. Pattern Analysis and Machine Intelligence, IEEE Transactions on, vol. 25, no. 5, pages 564–577, 2003. (Cité en pages 35 et 36.)

[Coué 2006] Christophe Coué, Cédric Pradalier, Christian Laugier, Thierry Fraichard et Pierre Bessière. *Bayesian occupancy filtering for multitarget tracking : an automotive application*. The International Journal of Robotics Research, vol. 25, no. 1, pages 19–30, 2006. (Cité en page 62.)

[Courbon 2012] Jonathan Courbon, Youcef Mezouar et Philippe Martinet. *Evaluation of the unified model of the sphere for fisheye cameras in robotic applications*. Advanced Robotics, vol. 26, no. 8-9, pages 947–967, 2012. (Cité en page 80.)

[Cox 1993] Ingemar J Cox. *A review of statistical data association techniques for motion correspondence*. International Journal of Computer Vision, vol. 10, no. 1, pages 53–66, 1993. (Cité en pages 40 et 41.)

[Cucchiara 2003] Rita Cucchiara, Costantino Grana, Massimo Piccardi et Andrea Prati. *Detecting moving objects, ghosts, and shadows in video streams*. Pattern Analysis and Machine Intelligence, IEEE Transactions on, vol. 25, no. 10, pages 1337–1342, 2003. (Cité en page 25.)

[Cutler 2002] Ross Cutler, Yong Rui, Anoop Gupta, Jonathan J Cadiz, Ivan Tashev, Li-wei He, Alex Colburn, Zhengyou Zhang, Zicheng Liu et Steve Silverberg. *Distributed meetings : a meeting capture and broadcasting system*. In Proceedings of the tenth ACM international conference on Multimedia, pages 503–512. ACM, 2002. (Cité en pages xiii et 78.)

[Elfes 1989] Alberto Elfes. *Using occupancy grids for mobile robot perception and navigation*. Computer, vol. 22, no. 6, pages 46–57, 1989. (Cité en pages 6, 61 et 73.)

[Elgammal 2002] Ahmed Elgammal, Ramani Duraiswami, David Harwood et Larry S Davis. *Background and foreground modeling using nonparametric kernel density estimation for visual surveillance*. Proceedings of the IEEE, vol. 90, no. 7, pages 1151–1163, 2002. (Cité en pages 6, 12, 18, 19 et 86.)

[Elhabian 2008] Shireen Y Elhabian, Khaled M El-Sayed et Sumaya H Ahmed. *Moving object detection in spatial domain using background removal techniques-state-of-art*. Recent patents on computer science, vol. 1, no. 1, pages 32–54, 2008. (Cité en page 10.)

[Er 2012] Uygar Er, Suleyman Yuksel, Omer Akoz et M Elif Karsligil. *Traffic accident risk analysis based on relation of Common Route Models*. In Pattern Recognition (ICPR), 2012 21st International Conference on, pages 2561–2564. IEEE, 2012. (Cité en pages 5, 55 et 57.)

[Fang 2008] Liu Zhi Fang, Wang Yun Qiong et You Zhi Sheng. *A method to segment moving vehicle cast shadow based on wavelet transform*. Pattern Recognition Letters, vol. 29, no. 16, pages 2182–2188, 2008. (Cité en page 25.)

[Fukunaga 1975] Keinosuke Fukunaga et Larry Hostetler. *The estimation of the gradient of a density function, with applications in pattern recogni-*

tion. Information Theory, IEEE Transactions on, vol. 21, no. 1, pages 32–40, 1975. (Cité en page 38.)

[Garcia 2008] Vincent Garcia. *Suivi d'objets d'intérêt dans une séquence d'images : des points saillants aux mesures statistiques*. PhD thesis, Université de Nice Sophia-Antipolis, 2008. (Cité en page 36.)

[Ghorayeb 2010a] Ali Ghorayeb. *Capteur catadioptrique pour le diagnostic du trafic routier urbain*. PhD thesis, 2010. (Cité en page 76.)

[Ghorayeb 2010b] Ali Ghorayeb, Alexis Potelle, Laure Devendeville et E-M Mouaddib. *Optimal omnidirectional sensor for urban traffic diagnosis in crossroads*. In Intelligent Vehicles Symposium (IV), 2010 IEEE, pages 597–602. IEEE, 2010. (Cité en pages xiii, 55 et 56.)

[Gordon 1993] Neil J Gordon, David J Salmond et Adrian FM Smith. *Novel approach to nonlinear/non-Gaussian Bayesian state estimation*. In IEE Proceedings F (Radar and Signal Processing), volume 140, pages 107–113. IET, 1993. (Cité en page 40.)

[Guo 2011] Ruiqi Guo, Qieyun Dai et Derek Hoiem. *Single-image shadow detection and removal using paired regions*. In Computer Vision and Pattern Recognition (CVPR), 2011 IEEE Conference on, pages 2033–2040. IEEE, 2011. (Cité en pages 7, 11 et 26.)

[Haritaoglu 2000] Ismail Haritaoglu, David Harwood et Larry S. Davis. *W< sup> 4</sup> : real-time surveillance of people and their activities*. Pattern Analysis and Machine Intelligence, IEEE Transactions on, vol. 22, no. 8, pages 809–830, 2000. (Cité en page 37.)

[Hedayati 2012] M Hedayati, Wan Mimi Diyana Wan Zaki et Aini Hussain. *A Qualitative and Quantitative Comparison of Real-time Background Subtraction Algorithms for Video Surveillance Applications ?* Journal of Computational Information Systems, vol. 8, no. 2, pages 493–505, 2012. (Cité en page 19.)

[Hoover 1999] Adam Hoover et Bent David Olsen. *A real-time occupancy map from multiple video streams*. In Robotics and Automation, 1999.

Proceedings. 1999 IEEE International Conference on, volume 3, pages 2261–2266. IEEE, 1999. (Cité en page 62.)

[Hsieh 1995] Hsing-Shenq Hsieh, Kuo-Liang Ting et Ruey-Min Wang. *An image processing system for signalized intersections*. In Vehicle Navigation and Information Systems Conference, 1995. Proceedings. In conjunction with the Pacific Rim TransTech Conference. 6th International VNIS.'A Ride into the Future', pages 28–34. IEEE, 1995. (Cité en pages xi, 12 et 13.)

[Hu 1962] Ming-Kuei Hu. *Visual pattern recognition by moment invariants*. Information Theory, IRE Transactions on, vol. 8, no. 2, pages 179–187, 1962. (Cité en page 33.)

[Hughes 2012] Gary B Hughes et Mohcine Chraibi. *Calculating ellipse overlap areas*. Computing and Visualization in Science, vol. 15, no. 5, pages 291–301, 2012. (Cité en pages 67 et 89.)

[Huiying 2011] Wen Huiying, Luo Jun, Chen Xiaolong et Quo Xiaohui. *Real-time highway accident prediction based on grey relation entropy analysis and probabilistic neural network*. In Electric Technology and Civil Engineering (ICETCE), 2011 International Conference on, pages 1420–1423. IEEE, 2011. (Cité en pages 5, 55 et 59.)

[KaewTraKulPong 2002] Pakorn KaewTraKulPong et Richard Bowden. *An improved adaptive background mixture model for real-time tracking with shadow detection*. In Video-Based Surveillance Systems, pages 135–144. Springer, 2002. (Cité en page 17.)

[Kalman 1960] Rudolph Emil Kalman. *A New Approach to Linear Filtering and Prediction Problems*. Transactions of the ASME–Journal of Basic Engineering, vol. 82, no. Series D, pages 35–45, 1960. (Cité en pages 39 et 41.)

[King 2007] Timothy I King, WJ Barnes, Hazem H Refai et John E Fagan. *A wireless sensor network architecture for highway intersection collision prevention*. In Intelligent Transportation Systems Conference, 2007.

ITSC 2007. IEEE, pages 178–183. IEEE, 2007. (Cité en pages 57 et 58.)

[Koller 1994] Dieter Koller, J Weber, T Huang, J Malik, G Ogasawara, B Rao et S Russell. *Towards robust automatic traffic scene analysis in real-time.* In Pattern Recognition, 1994. Vol. 1-Conference A : Computer Vision & Image Processing., Proceedings of the 12th IAPR International Conference on, volume 1, pages 126–131. IEEE, 1994. (Cité en pages 14 et 15.)

[Kwon 2006] Oje Kwon, Sang-Hyun Lee, Joon-Seok Kim, Min-Soo Kim et Ki-Joune Li. *Collision prediction at intersection in sensor network environment.* In Intelligent Transportation Systems Conference, 2006. ITSC'06. IEEE, pages 982–987. IEEE, 2006. (Cité en page 57.)

[Lefaudeux 2011] Benjamin Lefaudeux, Gwennael Gate, Fawzi Nasha-shibi *et al.* *Proposition for propagated occupation grids for non-rigid moving objects tracking.* In IROS'11-IEEE/RSJ International Conference on Intelligent Robots and Systems-Workshop, 2011. (Cité en page 62.)

[Legland 2003] François Legland. *Filtrage particulaire.* In Proceedings 19eme Colloque GRETSI sur le Traitement du Signal et des Images, volume 1, pages 1–8, 2003. (Cité en page 40.)

[Lv 2009] Yisheng Lv, Shuming Tang, Hongxia Zhao et Shuang Li. *Real-time highway accident prediction based on support vector machines.* In Control and Decision Conference, 2009. CCDC'09. Chinese, pages 4403–4407. IEEE, 2009. (Cité en page 55.)

[Mittal 2004] Anurag Mittal et Nikos Paragios. *Motion-based background subtraction using adaptive kernel density estimation.* In Computer Vision and Pattern Recognition, 2004. CVPR 2004. Proceedings of the 2004 IEEE Computer Society Conference on, volume 2, pages II–302. IEEE, 2004. (Cité en page 19.)

[Mouaddib 2005] El M Mouaddib. *01-Introduction à la vision panoramique catadioptrique*. 2005. (Cité en pages 77 et 78.)

[Noriega 2006] Philippe Noriega et Olivier Bernier. *Real Time Illumination Invariant Background Subtraction Using Local Kernel Histograms*. In BMVC, volume 6, pages 979–988. Citeseer, 2006. (Cité en page 19.)

[Otte 2009] Michael W Otte, Scott G Richardson, Jane Mulligan et Gregory Grudic. *Path planning in image space for autonomous robot navigation in unstructured environments*. Journal of Field Robotics, vol. 26, no. 2, pages 212–240, 2009. (Cité en page 62.)

[Piccardi 2004] Massimo Piccardi. *Background subtraction techniques : a review*. In Systems, man and cybernetics, 2004 IEEE international conference on, volume 4, pages 3099–3104. IEEE, 2004. (Cité en pages 15 et 19.)

[Roller 1993] D Roller, Kostas Daniilidis et Hans-Hellmut Nagel. *Model-based object tracking in monocular image sequences of road traffic scenes*. International Journal of Computer Vision, vol. 10, no. 3, pages 257–281, 1993. (Cité en page 34.)

[Sanin 2012] Andres Sanin, Conrad Sanderson et Brian C Lovell. *Shadow detection : A survey and comparative evaluation of recent methods*. Pattern recognition, vol. 45, no. 4, pages 1684–1695, 2012. (Cité en page 24.)

[Sato 2004] Koichi Sato et Jake K Aggarwal. *Temporal spatio-velocity transform and its application to tracking and interaction*. Computer Vision and Image Understanding, vol. 96, no. 2, pages 100–128, 2004. (Cité en page 37.)

[Saunier 2007] Nicolas Saunier, Tarek Sayed et Clark Lim. *Probabilistic collision prediction for vision-based automated road safety analysis*. In Intelligent Transportation Systems Conference, 2007. ITSC 2007. IEEE, pages 872–878. IEEE, 2007. (Cité en pages xiii, 56 et 67.)

[Saunier 2008] Nicolas Saunier et Tarek Sayed. *Probabilistic framework for automated analysis of exposure to road collisions*. Transportation Research Record : Journal of the Transportation Research Board, vol. 2083, no. 1, pages 96–104, 2008. (Cité en pages 5, 55 et 66.)

[Schweitzer 2006] H Schweitzer, J Bell et F Wu. *Very Fast Template Matching*. Computer Vision ECCV 2002, pages 145–148, 2006. (Cité en page 36.)

[Sekiyama 2011] Noritaka Sekiyama, Kazuma Minoura et Toyohide Watanabe. *Prediction of collisions between vehicles using attainable region*. In Proceedings of the 5th International Conference on Ubiquitous Information Management and Communication, page 34. ACM, 2011. (Cité en pages 5, 55, 56 et 57.)

[Shackleton 2010] John Shackleton, Brian VanVoorst et Joel Hesch. *Tracking People with a 360-degree Lidar*. In Advanced Video and Signal Based Surveillance (AVSS), 2010 Seventh IEEE International Conference on, pages 420–426. IEEE, 2010. (Cité en page 99.)

[Stauffer 1999] Chris Stauffer et W Eric L Grimson. *Adaptive background mixture models for real-time tracking*. In Computer Vision and Pattern Recognition, 1999. IEEE Computer Society Conference on., volume 2. IEEE, 1999. (Cité en pages 12 et 15.)

[Strigel 2013] Elias Strigel, Daniel Meissner et Klaus Dietmayer. *Vehicle detection and tracking at intersections by fusing multiple camera views*. In Intelligent Vehicles Symposium (IV), 2013 IEEE, pages 882–887. IEEE, 2013. (Cité en page 98.)

[Tay 2009] C Tay. *Analysis of dynamics scenes : Application to driving assistance*. PhD thesis, PhD Thesis, 2009. (Cité en page 63.)

[Toyama 1999] Kentaro Toyama, John Krumm, Barry Brumitt et Brian Meyers. *Wallflower : Principles and practice of background maintenance*. In Computer Vision, 1999. The Proceedings of the Seventh IEEE International Conference on, volume 1, pages 255–261. IEEE, 1999. (Cité en page 16.)

[Unterholzner 2012] Alois Unterholzner, Michael Himmelsbach et H-J Wuensche. *Active perception for autonomous vehicles*. In Robotics and Automation (ICRA), 2012 IEEE International Conference on, pages 1620–1627. IEEE, 2012. (Cité en page 39.)

[Veenman 2001] Cor J Veenman, Marcel JT Reinders et Eric Backer. *Resolving motion correspondence for densely moving points*. Pattern Analysis and Machine Intelligence, IEEE Transactions on, vol. 23, no. 1, pages 54–72, 2001. (Cité en page 35.)

[Vincent 2008] Garcia Vincent. *Suivi d'objets d'intérêt dans une séquence d'images : des points saillants aux mesures statistiques*. PhD thesis, Université de Nice Sophia-Antipolis, 2008. (Cité en page 37.)

[Wren 1997] Christopher Richard Wren, Ali Azarbayejani, Trevor Darrell et Alex Paul Pentland. *Pfinder : Real-time tracking of the human body*. Pattern Analysis and Machine Intelligence, IEEE Transactions on, vol. 19, no. 7, pages 780–785, 1997. (Cité en page 14.)

[Xu 2002] Ning Xu et Narendra Ahuja. *Object contour tracking using graph cuts based active contours*. In Image Processing. 2002. Proceedings. 2002 International Conference on, volume 3, pages III–277. IEEE, 2002. (Cité en page 37.)

[Yguel 2006] Manuel Yguel, Olivier Aycard, David Raulo et Christian Laugier. *Grid based fusion of off-board cameras*. In Intelligent Vehicles Symposium, 2006 IEEE, pages 276–281. IEEE, 2006. (Cité en page 62.)

[Yilmaz 2004] Alper Yilmaz, Xin Li et Mubarak Shah. *Contour-based object tracking with occlusion handling in video acquired using mobile cameras*. Pattern Analysis and Machine Intelligence, IEEE Transactions on, vol. 26, no. 11, pages 1531–1536, 2004. (Cité en page 35.)

[Yilmaz 2006] Alper Yilmaz, Omar Javed et Mubarak Shah. *Object tracking : A survey*. Acm Computing Surveys (CSUR), vol. 38, no. 4, page 13, 2006. (Cité en pages xii, 7, 32, 33, 34 et 35.)

[Yilmaz 2012] F Yilmaz, Fatih Porikli et Alper Yilmaz. *Object Detection &*
Tracking. 2012. (Cité en page 33.)

[Ying 2004] Xianghua Ying et Zhanyi Hu. *Can we consider central catadiop-*
tric cameras and fisheye cameras within a unified imaging model. In
Computer Vision-ECCV 2004, pages 442–455. Springer, 2004. (Cité
en page 80.)

[Yu 2007] Ting Yu, Cha Zhang, Michael Cohen, Yong Rui et Ying Wu. *Mo-*
nocular video foreground/background segmentation by tracking spatial-
color gaussian mixture models. In Motion and Video Computing, 2007.
WMVC'07. IEEE Workshop on, pages 5–5. IEEE, 2007. (Cité en
page 17.)

[Zhang 2006] Yizhen Zhang, Erik K Antonsson et Karl Grote. *A new threat*
assessment measure for collision avoidance systems. In Intelligent
Transportation Systems Conference, 2006. ITSC'06. IEEE, pages 968–
975. IEEE, 2006. (Cité en page 66.)

[Zhang 2009] Shengping Zhang, Hongxun Yao et Shaohui Liu. *Spatial-*
temporal nonparametric background subtraction in dynamic scenes. In
Multimedia and Expo, 2009. ICME 2009. IEEE International Conference on, pages 518–521. IEEE, 2009. (Cité en page 19.)

[Zivkovic 2004] Zoran Zivkovic. *Improved adaptive Gaussian mixture model*
for background subtraction. In Pattern Recognition, 2004. ICPR 2004.
Proceedings of the 17th International Conference on, volume 2, pages
28–31. IEEE, 2004. (Cité en page 17.)

[Zivkovic 2006] Zoran Zivkovic et Ferdinand van der Heijden. *Efficient adap-*
tive density estimation per image pixel for the task of background sub-
traction. Pattern recognition letters, vol. 27, no. 7, pages 773–780,
2006. (Cité en page 19.)